Johannes Kleinstück

Fortschritt auf Widerruf

Gedanken

über moderne Vorurteile

Klett-Cotta

Inhalt

I Wissenschaft in Verlegenheit

Jede Wissenschaft befaßt sich mit einem Sachgebiet, das aus dem Gesamtbereich des Wißbaren herausgeschnitten ist und mit einem Namen bezeichnet wird. Jedes Sachgebiet wird unterteilt, so daß es einzelne Sachgebiete gibt; auch sie haben Namen, die anzeigen, worum es in ihnen geht, und auch sie können unterteilt werden, und auch die Unterabteilungen der Unterabteilungen werden benannt.

Die Wissenschaft als Ganzes erscheint als Einheit von verschiedenen Teilen, die etwas miteinander gemeinsam haben, und dieses Etwas ist die Wissenschaftlichkeit. Man könnte nun fragen, was Wissenschaftlichkeit sei, und man würde damit die Frage nach dem Wesen der Wissenschaft stellen. Es ist leicht zu sehen, daß sie nicht leicht zu beantworten ist. Viele Wissenschaftler lassen sich darum nicht gern auf sie ein und sagen, daß sie dafür nicht zuständig seien; sie beugen sich lieber, um mit Morgenstern zu sprechen, auf ihre »wichtigen Spezialpapiere«.[1] Sollte jemand sie fragen, was ihre Spezialität sei, werden sie, in ihrer Freizeit jedenfalls, eher zur Auskunft bereit sein. Sie haben sich meist in einem Sachgebiet spezialisiert, und zwar gewöhnlich in der Unterabteilung eines Sachgebiets. Ein Jurist etwa könnte erklären, daß er sich für Rechtsgeschichte interessiere, und zwar speziell für die Geschichte des Römischen Rechts, und wiederum speziell für das Verkaufsrecht zur Zeit des frühen Kaiserreichs. Das bedingt jedoch, daß er des Lateinischen kundig ist, und dazu braucht er die Hilfe eines anderen Spezialisten, zum Beispiel des Lehrers, der ihn unterrichtet hat. Seine eigene Tätigkeit ist, obwohl eng spezialisiert, ›fachübergreifend‹, und er wird sich oft gezwungen sehen, einen Latinisten oder einen Althistoriker zu konsultieren. Es genügt nicht, daß er auf der Schule Latein gelernt hat; er wird mit Problemen konfrontiert, die nur ein Fachmann klären kann.

Der von ihm konsultierte Fachmann betreibt eine Wissenschaft, die sich nicht mit dem Sachgebiet ›Recht‹ oder ›Jura‹ befaßt. Wenn aber der Jurist mit einem Latinisten oder Althistoriker zusammenarbeitet und zusammenarbeiten muß, so heißt das, daß die Sachgebiete nicht scharf voneinander getrennt sind; ihre Grenzen sind undeutlich im Gegensatz etwa zu den Grenzen, mit denen sich Staaten abtrennen, um sich selbst als selbständige Gebiete zu konstituieren. Ich weiß daher, wenn ich von Hamburg nach Paris reise, ob ich noch in Deutschland oder schon in Belgien bin oder noch in Belgien und schon in Frankreich, näher dem erstrebten Ziel. Wo aber verläuft die Grenze zwischen dem Gebiet der Rechtswissenschaft und dem der Altertumswissenschaft? Anscheinend ist sie nicht nur undeutlich, sondern auch kapriziös; manchmal nämlich ist sie da und manchmal nicht da.

Auch die Namen, mit denen die Sachgebiete bezeichnet werden, wirken oft, als seien sie einer kapriziösen Laune entsprungen. Ich habe eben von ›Altertumswissenschaft‹ gesprochen und dabei vorausgesetzt, daß der Leser weiß, was gemeint ist. Der Leser weiß das jedoch nur dann, wenn er sich vorher schon irgendwie informiert hat; dem Wort als solchem kann er nicht anmerken, was es bedeutet oder vielmehr bedeuten soll: nämlich das Ganze der Wissenschaften, die von der Geschichte, der Kultur, der Dichtung, Geschichtsschreibung der Griechen und Römer, und somit auch von ihren Sprachen handeln. Aber das Wort ›Altertum‹ bezieht sich nicht nur auf Griechen und Römer; es gibt auch (unter anderem) ein ›Altertum‹ der Erde, und von dem weiß die ›Altertumswissenschaft‹ nichts zu berichten.

Sie ist ein Teil der Geisteswissenschaften, die vielfach, zum Kummer der mit ihnen Befaßten, als ›inexakt‹ gelten, wohingegen die Naturwissenschaften sich durch ›Exaktheit‹ auszeichnen oder auszuzeichnen beanspruchen. Allein, was die Namensgebung anbetrifft, sind sie oft recht vage. Eine von ihnen heißt ›Paläontologie‹: Wenn ich, im Vertrauen auf meine Kenntnis des Griechischen, ihren Themenbereich zu erraten suche, würde ich vermuten, daß sie Kunde gibt von dem, was in alter Zeit einmal war.[2] Der *Brockhaus* aber belehrt mich, daß sie es mit »versteinerten (fossilen) Tier- und Pflanzenresten« und dergleichen zu tun hat. Nun sind diese Reste ohne Zweifel alt, sogar sehr alt, aber nicht alles, was in alter Zeit einmal war oder existierte, ist versteinert, und in alter Zeit gab es auch Menschen, zum Beispiel die Assyrer, die Steine bearbeitet und als Denkmäler ihrer Kultur hinterlassen haben. Was wir von ihnen wissen, verdanken wir der Assyriologie, aber auch der Archäologie, die, wie ihr Name besagt, Kunde vom Alten und Anfänglichen gibt, so daß ihr Sachgebiet mit dem der Paläontologie identisch sein könnte.[3]

Die Physik, heute wohl die Königin der Naturwissenschaften, erforscht die Natur. Das Wort ›Natur‹ kommt vom lateinischen ›natura‹, mit dem die Römer das griechische ›physis‹ übersetzten. ›Natura‹ hängt mit dem Verbum ›nasci‹ (= ›geboren werden‹) zusammen, ›physis‹ mit ›phyesthai‹ (›entstehen‹). Man könnte darum die Natur als den Bereich des Entstehens und Vergehens definieren, erhielte dann aber ein sehr weites Feld und nicht das Sachgebiet der heutigen Physik, die ›Natur‹ auf ihre Weise definiert – wie, das muß den Physikern überlassen bleiben. Auf keinen Fall umfaßt ihre Definition die Natur, der ein Dichter wie William Wordsworth huldigte, auch nicht die Goethes, der sie als »hold und gut« empfand. Und mit der im europäischen Mittelalter verehrten Göttin Natura, die im Auftrag des höchsten Gottes die Erde verwaltete, hat die Natur der modernen Physik nicht viel mehr als den Namen gemeinsam – anscheinend verbirgt sich hinter diesem Namen ein Wesen, das sehr unterschiedlich interpretiert werden kann.

In dieser Hinsicht gleicht die Natur dem Leben. Wer von der Biologie, welche die Wissenschaft vom Leben (›bios‹) zu sein prätendiert, Auskunft darüber verlangt, was das Leben sei, erfährt etwa, »daß die Bezeichnung ›lebend‹ für solche Systeme reserviert wird, deren wesentliche Bausteine organischer Natur sind, wobei Nukleinsäuren und Proteine die indispensablen Hauptbestandteile darstellen«. So bescheidet ihn der Bonner Paläontologe Heinrich K. Erben, der ihm außer dieser noch andere, ähnlich wissenschaftliche Informationen gibt.[4] Gemeinhin freilich verstehen wir unter ›Leben‹ noch einiges andere; wir sprechen etwa vom ›Leben des Geistes‹ oder vom ›Leben in der Stadt‹, vom ›Nachtleben‹ und von ›Lebemännern‹, ohne uns dabei um Systeme von Säuren und Proteinen zu kümmern. Wenn die Franzosen einen Menschen dafür loben, daß er weiß, wie man leben muß, also das ›savoir vivre‹ besitzt, holen sie sich nicht dafür die Erlaubnis eines Biologen ein, der vielleicht das Leben wissenschaftlich definieren kann, der aber nicht schon deswegen als ›un homme qui sait vivre‹ zu gelten hat. Der Verdacht besteht, daß die Biologie das Leben so definiert, wie sie es mit ihren Methoden faßt, und daß sie schon vor jedem methodischen Zugriff das für sie Unbegreifliche aus dem Ganzen dessen, das wir Leben nennen, ausgegrenzt hat. Das aber würde bedeuten, daß der Biologe nicht für das Leben überhaupt, sondern nur für seine Auffassung von Leben kompetent ist. Und das würde weiter bedeuten, daß die Bezeichnung ›Biologe‹ irreführend ist.[5]

Da wir annehmen (und annehmen sollen), daß ein Wissenschaftler weiß, wovon er spricht, könnten wir fordern, daß er sein Wissensgebiet unmißverständlich benenne. Damit wäre keine leichte Forderung gestellt; sie würde zu uferlosen Diskussionen Anlaß geben. Um sie zu vermeiden, behält man die herkömmlichen Namen bei, in der Annahme, daß jeder wisse, was gemeint sei – und wer es nicht weiß, kann ja den *Brockhaus* oder ein ähnliches Nachschlagewerk zur Hand nehmen. Aber dann weiß er es auch nur sehr ungefähr; um es genauer zu wissen, muß er bei einem Fachvertreter anklopfen oder einen Kurs für Anfänger besuchen. Aber dann würde er bemerken, daß der eine Fachvertreter nicht mit dem anderen übereinstimmt, und dann würde er weiter bemerken, daß nicht alle Wissenschaften so exakt sind, wie sie sein sollten.

Die Nicht-Exaktheit ist wie ein chronisches Leiden, das zuweilen akut wird. Wenn es ausbricht, wird die Frage nach dem ›Selbstverständnis‹ des jeweiligen Faches aufgeworfen, und auch diese Frage führt zu Diskussionen, die uferlos zu werden drohen. Sie zeigen dem kritischen Zuhörer, daß das Sachgebiet einer Wissenschaft nicht einfach da, nicht einfach gegeben ist, sondern gefunden (wo nicht erfunden) werden muß. ›Gegeben‹ ist nur das ›Fach‹, und ›da‹ sind seine Vertreter, die miteinander um ›Selbstverständnis‹ ringen, weil sie nicht recht wissen, was in das ›Fach‹ hineinzupacken ist.

Gegeben ist zum Beispiel das Fach ›Anglistik‹. Sein Name kündigt an, daß es etwas mit dem Englischen zu tun hat. Aber das heißt nicht, daß ein Anglist jemand ist, der ›Englisch kann‹; auch der Besitzer eines internationalen Hotels ›kann‹ gewöhnlich Englisch und außerdem meist noch einige andere Sprachen. Darf der Anglist ohne vor Scham zu erröten sagen, daß er vom Lateinischen keine Ahnung habe? Vom Französischen? Vom Dänischen? Diese drei Sprachen haben wesentlich zur Bildung des heutigen Englisch beigetragen; deswegen scheint es selbstverständlich, daß der Anglist auch sie zu ›können‹ hat. Aber was heißt ›können‹? Genügt schon ein bloßes ›Kennen‹? Und was heißt ›selbstverständlich‹? Die Fachvertreter bemühen sich um ›Selbstverständnis‹, weil sich nur sehr weniges von selbst versteht. Niemand verübelt es dem Anglisten, wenn er sich weigert, einen Sanskrit-Text zu interpretieren; Sanskrit gehört in das ›Fach‹ der Indologen. Wird er aber gefragt, was er vom Indien-Bild Kiplings oder Paul Scotts halte, ist er gezwungen, seine eigenen Kenntnisse Indiens vorzuzeigen; Kipling und Scott nämlich befinden sich auf jeden Fall in dem von ihm verwalteten ›Fach‹ und mit ihnen zwangsläufig ein Stück von Indien, und wer von diesem Stück nichts weiß, kann die ›Richtigkeit‹ ihrer Bilder nicht beurteilen.

Die Anglistik bedarf des Selbstverständnisses, weil niemand ihr Gebiet überschaut; sie wird darum auch nicht zu einem definitiven Selbstverständnis gelangen. Früher war die Not nicht groß: man studierte englische Sprache und Literatur und nahm gelassen hin, daß Englisch auch die Muttersprache von vielen Nicht-Engländern war, von Menschen, die weder Engländer waren noch sein wollten, die England und die Engländer haßten, aber ihren Haß nur auf Englisch ausdrücken konnten. Heute ist Englisch bekanntlich Weltsprache, und das hat zur Folge, daß es viele Arten von Englisch gibt[6]. Außerdem gibt es eine Menge von Literaturen, die in englischer Sprache geschrieben sind, aber kaum als ›englische Literatur‹ bezeichnet werden können – oder dürfen wir den Iren W. B. Yeats, den Ibo Chinua Achebe, den in Trinidad geborenen V. S. Naipaul der englischen Literatur zurechnen? Muß man Engländer sein, um ihr anzugehören? Wie steht es dann mit dem Polen Josef Conrad Korzeniowski, der sich als Joseph Conrad in England niederließ, englischer Bürger wurde, englisch schrieb, aber das Englische mit französischem Akzent sprach? Derlei Fragen quälen den um das Selbstverständnis der Anglistik Bemühten, und sie sind nicht so überflüssig und rein akademisch, wie der Außenseiter meint. Iren werden ärgerlich oder lächeln verachtungsvoll, wenn man von Yeats als einem ›great English poet‹ spricht. Yeats selbst, nebenbei gesagt, war seiner Sache nicht so sicher; wer sein Selbstverständnis analysiert, trifft auf Äußerungen, die in Irland nur ungern gehört werden.

Wissenschaftler, die über den Sinn und die Aufgaben ihres Faches nachdenken, sind in Verlegenheit; sie haben entdeckt, daß sie nicht wissen, was sie wollen und sollen. Das ist eine peinliche Situation, denn der Wissenschaftler weiß von Berufs wegen, und er wird auch meistens dafür bezahlt. Das Wissen ist, wenn man so will, die Ware, die er verkauft; der Geldgeber – in Deutschland häufig der Staat – erwartet von ihm, daß er etwas Gediegenes liefere. Wenn er nun nicht weiß, was er will und soll, dann kann er selbst die Qualität seiner Ware nicht beurteilen, und er müßte sich fragen, ob er seinen Beruf noch weiter ausüben darf.

Wahrscheinlich stellen sich diese Frage nur wenige; wer sie sich stellt und mit ›Ja‹ beantwortet, also trotz aller Zweifel auf seinem Posten bleibt, kann dafür gute Gründe haben. Er kann sagen, das Nachdenken über sein Fach sei eine der Aufgaben, die er als Fachvertreter übernommen hat; er kann weiter sagen, daß jeder Wissenschaftler zweifeln müsse, daß der Zweifel die *conditio sine qua non* der Wissenschaft sei.

Die Notwendigkeit des Zweifels läßt sich nicht bezweifeln. Freilich müssen wir uns damit abfinden, daß nicht alle Zweifel behoben werden können, und daß nicht alle Fragen beantwortbar sind. Die Frage etwa, ob irgendwo im Weltraum, auf irgendeinem Stern, Lebewesen existieren, die uns ähneln oder gleichen, wäre nur dann eindeutig zu bejahen, wenn wir von dort her eine unmißverständliche Nachricht oder gar Besuch erhielten; solange nichts dergleichen geschieht, sind wir auf Vermutungen angewiesen. Heinrich K. Erben jedoch ist seiner Sache ziemlich sicher: wenn, so argumentiert er, irgendwo »Intelligenzen im Kosmos« wären, so müßten sie das Produkt eines evolutionären Prozesses sein von der Art, wie er auf unserer Erde stattgefunden hat – und das, meint er, sei höchst unwahrscheinlich. Nun, das Unwahrscheinliche ist nicht mit dem Unmöglichen identisch, und so schließt er seine Ausführungen mit dem vorsichtigen Satz: »Wir sind wohl doch allein im Kosmos.« Auch er kann den Zweifel nicht ganz beseitigen. Um so energischer polemisiert er gegen alle, die anderer Meinung sind. Im Vorwort erklärt er, sein Buch sei »nicht nur informatives Sachbuch, sondern (...) zugleich auch (...) eine Philippika gegen naive Leichtgläubigkeit, pseudowissenschaftliche Mystifikationen und unbedachte Verirrungen des Intellekts, andererseits aber auch eine energische Fürsprache und Werbung für die verstandesorientierte, nüchtern analysierende, kritische Vernunft«.[7]

Diese Selbsterklärung müßte den Leser bedenklich stimmen. Erben hat offensichtlich eine hohe Meinung von seiner eigenen Vernunft – aber was sind »unbedachte Verirrungen des Intellekts«? Sollen wir annehmen, daß der Intellekt sich hin und wieder mit Bedacht verirrt? Und wenn er das tut, wie stellt er es an? Produziert er dann vielleicht – mit Bedacht – »pseudowissenschaftliche Mystifikationen«? Aber das hieße, daß er sich nicht selbst verirrt, sondern andere in die Irre führen möchte.

Erbens Sprache ist nicht die der ›nüchternen‹ Wissenschaft, sondern in der Tat die der ›Werbung‹; sie paßt eher zum Vertreter einer Staubsaugerfirma als zu einem Gelehrten. Was soll die – implizierte – Unterscheidung der Vernunft, die sich am Verstand orientiert, von der, die das nicht tut? Ist die letztere mit der ›reinen‹ gleichzusetzen? Hat Erben Kant gelesen oder von ihm gehört? Verirrt er sich – recht unbedacht – in die Philosophie?

Da er gegen Pseudowissenschaft streitet, muß er wissen, was Wissenschaft ist; er muß in der Lage sein, ›Wissenschaft‹ begrifflich zu definieren. Daß er dazu verpflichtet ist, scheint ihm klar zu sein, und es scheint ihm auch klar zu sein, daß der Fachwissenschaftler, der Wissenschaft zu definieren sucht, die Grenzen seines Faches überschreitet und philosophisch zu denken beginnt. Er holt sich deswegen Rat bei dem Philosophen Sir Karl Popper, dessen wissenschaftstheoretische Abhandlung *Logik der Forschung* als Standardwerk gilt, und er wagt daraufhin die Behauptung, »daß mit ›Wissenschaft‹ hier vornehmlich das gemeint ist, was mit der gebotenen Exaktheit im angelsächsischen Sprachraum als ›science‹ bezeichnet wird, also das Gebiet der empirischen Wissenschaften«.[8] Das läßt sich auf die knappe Formel bringen: Wissenschaft = Science. Aber damit haben wir keine Definition, sondern eine Übersetzung. Man könnte genauso gut sagen, der Mensch sei dasjenige Lebewesen, das im Lateinischen ›homo‹ genannt wird.

Sir Karl Popper hat, soviel ich weiß, nie behauptet oder auch nur angenommen, ›Wissenschaft‹ sei hinreichend mit ›science‹ definiert, und er hat weder behauptet noch angenommen, die Wissenschaft *sei* ihr *Gebiet.* Sogar der philosophisch wenig Geschulte weiß, daß die Wissenschaft – jede Einzelwissenschaft – ihr Gebiet hat und nicht mit ihm identisch ist. Und außerdem sollte man ohne besondere Mühe begreifen, daß jede Wissenschaft empirisch ist, nämlich Erfahrung voraussetzt. Ein Anglist, der nichts vom Englischen erfahren hätte, wäre kein solcher. Jeder Anglist aber könnte dem Nicht-Anglisten die Bedeutung von ›science‹ erklären oder ihn auf die einschlägigen Wörterbücher verweisen, zum Beispiel auf das *Shorter Oxford Dictionary.* Dort erfährt man unter anderem, daß es auch eine ›science‹ des Faustkampfes gibt; das ist zwar etwas scherzhaft gemeint, aber nicht unsinnig, denn ›science‹ kommt vom Lateinischen ›scire‹ = ›wissen‹ – der Boxer muß wissen, wie er zu schlagen hat, denn sonst wird er selbst geschlagen.

Es ist nun richtig (und im genannten *Dictionary* verzeichnet), daß der heute gängige Sprachgebrauch das Wort ›science‹ auf die Naturwissenschaften einschränkt. Ein Theologe oder ein Historiker werden sich nicht, nach ihrem Fach befragt, mit ›I am a scientist‹ vorstellen, könnten aber sehr wohl behaupten, daß ihre Methoden ›strictly scientific‹ seien. Noch um 1900 nannte man die Wissenschaft, die heute meist ›anthropology‹ (wörtlich ›Menschenkunde‹) heißt, ganz unbefangen ›the science of religion‹[9], und die Linguisten unserer Tage, die von ihren Kritikern oft als ›Bäumchenmaler‹ verspottet werden, dürften nur ungern auf den Titel eines ›scientist‹ verzichten. Der Philosoph R. G. Collingwood bezeichnet den Sprachgebrauch, der nur die Naturwissenschaften zum Rang der ›sciences‹ erhebt, als ›slang‹ und definiert ›science‹ als »a body of systematic or orderly thinking about a determinate subject-matter«.[10] Er rechnet darum auch die Metaphysik zu den ›sciences‹; Erben würde darüber wahrscheinlich erschrecken (so wie auch der von ihm verehrte Popper), denn er leidet an einer Krankheit, die man ›antimetaphysische Phobie‹ nennen könnte.

Auf die Metaphysik werde ich später eingehen. Zunächst werfe ich einen Blick auf die Probleme, die den Fachwissenschaftler bedrängen, wenn er, ausgehend vom Nachdenken über sein Fach, ins Philosophieren gerät. Er fängt dann an, radikal zu denken, geht also an die ›Wurzeln‹, oder er geht den Dingen ›auf den Grund‹ und kann nicht umhin, seine Wissenschaft und die Wissenschaft überhaupt grundsätzlich in Frage zu stellen.

Einzelne Wissenschaftler würden wohl sehr verschieden reagieren, wenn man sie fragte, warum sie sich wissenschaftlich betätigen und warum sie gerade ihr Fach – und kein anderes – erwählt haben. Manche würden derartige Fragen als taktlos oder gar unverschämt empfinden und daher empört zurückweisen; manche würden befürchten, daß die Fundamente ihrer Existenz ins Wanken kommen könnten (was ja auch nicht ganz falsch ist); manche, und das wären sicher die Ehrlichen, würden sagen, daß es sie einfach interessiere, Leichen aufzuschneiden, daß es ihnen Vergnügen mache, Keilschriften zu entziffern; wieder andere, daß sie der Menschheit dienen und zur Schaffung einer besseren Welt beitragen wollten. Ob sie ganz ehrlich sind, ist nicht sicher. Alle derartig Reagierenden jedoch, einschließlich derer, die sich auf die Frage nicht einlassen, stimmen in einem Punkt überein, nämlich in dem, daß die Wissenschaft ›gut‹ sei, daß sie einen ›hohen Wert‹ habe. Aber woher wissen sie das? Können sie es beweisen, und zwar mit wissenschaftlicher Exaktheit beweisen? Wenn nicht, dann ist der Wert der Wissenschaft vorausgesetzt, ihre ›Güte‹ nur angenommen, und wenn das so ist, dann beruht die Wissenschaft auf dem Glauben.

Nun könnte jemand, dem das Entziffern von Keilschriften Vergnügen macht, erklären, daß sein Glaube durch die Erfahrung, eben durch die Erfahrung des Vergnügens bestätigt werde. Aber die Tatsache, daß eine Tätigkeit Vergnügen macht, beweist nicht ihren Wert; auch der Sadist empfindet – wahrscheinlich – ›Spaß an der Sache‹, aber nicht deswegen schon ist der Sadismus etwas ›Gutes‹. Ist der Wert der Wissenschaft beweisbar, dann muß er grundsätzlich beweisbar sein, und das scheint unmöglich. Wissenschaftler, die den Glauben der ›Frommen‹ verspotten, spotten ihrer selbst und wissen nicht wie. Sollten sie nun meinen, der Wert ihres Tuns erweise sich an den gezeitigten Ergebnissen, bestehen sie also darauf, das biblische »An ihren Früchten sollt ihr sie erkennen« zum Maßstab des wissenschaftlichen Tuns schlechthin zu machen, dann kommt keine eindeutige Bilanz zustande. Wir verdanken ihm Nützliches und Erfreuliches, wir verdanken ihm aber auch die Gefahr, allesamt in einer atomaren Katastrophe zugrunde zu gehen oder, vielleicht wahlweise, durch das, was manche euphemistisch ›Umweltverschmutzung‹ nennen, zu ersticken. Freud sagte noch vor etwas über fünfzig Jahren, man könne sich »gegen die gefürchtete Außenwelt« dadurch »verteidigen«, daß »man als ein Mitglied der menschlichen Gemeinschaft mit Hilfe der von der Wissenschaft geleiteten Technik zum Angriff auf die Natur übergeht und sie dem menschlichen Willen unterwirft. Man arbeitet dann mit allen am Glück aller«.[11] Der »Natur« ist dieser Angriff so wenig bekommen wie uns selbst; das »Glück aller« hat er nicht herbeigebracht; eher die Angst, und gegen die helfen keine tröstlichen Sprüche. Ob es für das Universum ein »Glück« wäre, wenn die Menschheit von diesem Planeten verschwände, das kann kein Mensch zu entscheiden wagen.

Aus Freud spricht ein naiver Glaube, den er, aller seiner Psychoanalyse ungeachtet, nicht als Glauben zu diagnostizieren verstand. Jedes menschliche Tun setzt den Glauben voraus, auch das zerstörerische. Wer etwas zerstört, glaubt, daß es zerstört werden müsse; so rechtfertigt er sich durch *seinen* Glauben. Wenn er freilich bemerkt, daß es eigentlich Bewahrung verdiene, hält er inne und wird an seinem Glauben irre, zweifelt und sucht nach anderen Werten. Heute gibt es sogar Wissenschaftler, die nicht unbedingt vom Wert der Wissenschaft überzeugt sind. Die Wissenschaft erscheint dann als wertindifferent, als an sich weder ›gut‹ noch ›böse‹, und dann wird, da niemand das Böse um seiner selbst willen erstrebt, gefordert, daß sie sich an den Geboten der Ethik zu orientieren habe.

Es kostet nicht viel, diese Forderung zu stellen; es fragt sich aber, welchen Geboten, welcher Ethik Gehorsam zu leisten sei. Wissenschaftler, die an der Herstellung von atomaren, biologischen und chemischen Waffen arbeiten (oder durch ihre Forschungen die Herstellung dieser Waffen ermöglichen), können mit gutem Gewissen behaupten, daß sie für ›den Frieden‹ arbeiten, für ›den Frieden in Freiheit‹, für

›die Demokratie‹ und, je nachdem, für ›den Sozialismus‹. Solche Behauptungen sind nicht grundsätzlich als bloße Gewissensberuhigung abzutun; wir können annehmen, daß Europa seinen ungewöhnlich langen Frieden der Angst vor der nuklearen Katastrophe verdankt. Beweisen können wir es allerdings nicht, und wir können andererseits annehmen, daß die Angst allein den Frieden nicht garantiert; manche Hunde beißen aus Angst (sogenannte Angstbeißer) – warum sollten manche Menschen sich anders verhalten als manche Hunde?

Alle Wissenschaft beruht auf Voraussetzungen. Genaugenommen ›beruht‹ sie überhaupt nicht, denn in ihr wirkt eine Unruhe, die wir treffend mit der Metapher ›Wissensdurst‹ bezeichnen. Sie ›dürstet‹ und strebt, wie jeder Durstige, nach Stillung ihres Durstes, aber es liegt im Wesen des Durstes, daß er sich nicht durch *einen* Trunk stillen läßt, sondern stets von neuem erwacht. Der Wissensdurstige würde erst dann zur Ruhe kommen, wenn er sich ganz mit Wissen vollsaugen könnte; erst dann hätte er die Wahrheit, die reine Wahrheit gefunden. Allein, so sagt Laurence Sterne im *Tristram Shandy:* »Endlos ist das Suchen nach der Wahrheit!«[12]

Er verrät uns kein Geheimnis, und er meint es auch nicht ganz ernst. Oft genug geben sich Wissenschaftler bald mit dem zufrieden, was sie für wahr halten, und sie halten zäh an ihrer Wahrheit fest. Sie zitieren mit Vorliebe sich selbst und versammeln um sich einen Kreis von Schülern, die geflissentlich wiederholen, was der Meister ihnen beigebracht hat. Ihre Wahrheit gleicht einer treuen Dienstmagd, die jeden Wunsch der Herrschaft erfüllt; sie ist nicht hübsch, sondern eher langweilig, aber davon wird nicht gesprochen. Was wahr ist, muß wahr bleiben, und die Wahrheit hat ihren Wert.

Aber für wen? Und für was? Lermontows Petschorin erzählt seinem Vorgesetzten und Freund Maxim Maximytsch, er habe sich in seiner ersten Jugend in der Petersburger

Gesellschaft amüsiert, dann habe er sich in viele Damen verliebt und sei auch wiedergeliebt worden, »aber ihre Liebe entzündete nur meine Phantasie und reizte meine Eitelkeit. Mein Herz jedoch blieb dabei leer... Ich begann zu lesen und mich weiterzubilden – die Wissenschaften wurden mir rasch langweilig; ich erkannte nur zu klar, daß sie weder Glück noch Ruhm bringen können, denn die glücklichsten Menschen sind jedoch stets die Unwissenden; der Ruhm aber liegt im Erfolg, und um den zu gewinnen, muß man nichts als geschickt sein«.[13]

Das lesen wir in dem Roman *Ein Held unserer Zeit*, dessen »Held« eben Petschorin ist. Ihm wird alles langweilig, nicht nur die Frauen und die Wissenschaften; die Wissenschaften erscheinen ihm als leerer Müßiggang, und er beneidet die Unwissenden, deren Glück er nicht genießen kann, weil er selbst schon ein Wissender geworden ist. Er weiß, daß es keinen Sinn hat zu wissen, und dieses Wissen verstärkt seinen Überdruß, dem er vergeblich zu entfliehen versucht.

Lermontow bewunderte Puschkin, und sowohl er als auch Puschkin bewunderten Byron, dessen Manfred Verse spricht, die jeden treffen, der über den Sinn des Wissens grübelt:

> Sorrow is knowledge: they who know the most
> Must mourn the deepest o'er the fatal truth,
> The Tree of knowledge is not that of Life.[14]

Der Baum der Erkenntnis ist nicht der Baum des Lebens; diese Wahrheit erkennt der Wissende, und diese Wahrheit ist tödlich.

Damit wird der Wert des Wissens, und zugleich der Wert der Wahrheit, radikal geleugnet. Das Lebendige bedarf des Unwissens, je weniger es weiß, desto besser lebt es; es braucht den Schein, die Täuschung, die Illusion. Wer diese Gedanken weiter verfolgen will, muß sich mit der Philosophie Nietzsches befassen. Ich gehe hier nicht auf sie ein, sondern frage nur, ob die Wissenschaften ohne Illusion auskommen. Freud nahm in seiner Schrift *Die Zukunft einer Illusion* die christliche Religion aufs Korn und war dabei überzeugt, daß der von der Wissenschaft geleitete »Angriff auf die Natur« dem »Glück aller« diene. Aber verdanken wir einem solchen »Angriff« nicht auch das Giftgas, dessen verheerende Wirkungen weder ihm noch seinen Zeitgenossen unbekannt waren? Freuds Überzeugung ist nicht nur naiver Glaube, sondern eine Illusion, und dazu noch eine gefährliche, weil sie jedes wissenschaftliche Tun unbesehen rechtfertigt.

Manche Wissenschaftler – durchaus nicht alle – meinen, daß ihnen allein das Privileg des Erkennens zustehe, daß sie allein wissen, was wahr ist, weil sie dafür Beweise haben. Sie vergessen, daß die von ihnen gefundene und bewiesene Wahrheit oft nur für ihr Fach und für ihre Fachkollegen von Bedeutung ist. Hätte Petschorin, des Lebens überdrüssig, einen Biologen aufgesucht, um ihn, den Sachverständigen, zu fragen, was das eigentlich sei, dieses Leben, und wäre ihm dann beschieden worden, daß wir die Bezeichnung ›Leben‹ allein auf die Systeme anwenden dürfen, die aus Säuren und Proteinen bestehen – dann hätte er wohl nur mit einem gelangweilten Schulterzucken reagiert. Was die Biologie vom Leben weiß, ist für den Menschen irrelevant, der wissen will, ob das Leben der Mühe wert sei.

Vielleicht schlägt er, vom Fachwissen angeödet, die Bücher der Dichter auf. Bei Shakespeare liest er, daß wir Menschen aus dem gleichen Stoff gemacht sind wie die Träume, und daß unser kleines Leben von einem Schlaf umgeben sei; bei Calderon, daß es Wahn und Traum sei; Schiller sagt ihm, es sei nicht das höchste aller Güter. Goethes Mephisto will

Faust das Leben zeigen und führt ihn zunächst in eine Kneipe, nämlich in Auerbachs Keller, und danach in die Arme eines Mädchens. Da in Auerbachs Keller nicht nur gezecht, sondern auch gesungen wird, teilt wohl auch Mephisto die durch Tradition geheiligte Meinung, daß Wein, Weib und Gesang die Hauptsache im Leben sind, also das Wesen des Lebens ausmachen.

Das Leben ist kein ›Gebiet‹, das ich definieren und gegen andere Gebiete abgrenzen kann – es sei denn, gegen das Nicht-Leben, aber um zu wissen, was Nicht-Leben ist, muß ich vorher wissen, was das Leben ist. Es ist schon da, ehe ich mit dem Denken anfange; es umfaßt mich und ist mithin als ein Ganzes unfaßbar; es zeigt sich nur in Aspekten. Darum gibt es nicht nur *eine* ›richtige‹ Aussage über das Leben; wenn ich mit Calderon sage »la vida es sueño«, dann meine ich mit dem »es« das ›Wesen‹, aber das Wesen verwandelt sich im Vorgang des Sprechens, denn ich spreche als Wachender und nicht im Traum. Sogar eine paradoxe Formulierung wie ›Leben ist Sterben‹ hat ihre Wahrheit, obwohl sie die Koinzidenz des logisch Entgegengesetzten behauptet. Der Wissenschaftler, der durchs Mikroskop blickt, hat vielleicht für sie keine Verwendung, aber nur in diesem Augenblick; wenn er nach getaner Arbeit sein Gesicht im Spiegel betrachtet und – ganz unwissenschaftlich – feststellt, daß er müde und gealtert aussieht, mag er sie als treffend erkennen. »In jedem einzelnen Moment des Lebens *sind* wir solche, die sterben werden«; der Tod ist schon mit dem ersten Atemzug da; er ist zugleich mit dem Leben gesetzt und gibt dem einzelnen Leben seine Gestalt.[15]

Dichter und Philosophen wissen oft mehr als Wissenschaftler, die über die Grenzen ihres Faches hinausgehen müssen, wenn sie mit ihnen konkurrieren wollen. Aber gerade Wissenschaftler blicken gern hochmütig auf diese Rivalen herab und wollen sie nicht einmal als Rivalen anerkennen; sie berufen sich darauf, daß *ihr* Wissen gesichert sei. Sie wollen nicht wahrhaben, daß die Wissenschaft, auch jede Einzelwissenschaft, an zwei Seiten offen ist, und daß in die beiden Öffnungen der Zweifel und der Glaube einströmen. Ohne den Zweifel und ohne den Glauben läßt sich Wissenschaft nicht betreiben, aber beide verweigern sich dem Zugriff der Wissenschaft; sie löst sich auf, wenn eine von diesen Mächten überhand nimmt. Dann wird der Zweifel zur Verzweiflung, der Glaube zum Aberglauben, zur Illusion, die zwar stimuliert, aber nicht das gesicherte Wissen garantiert.

Wer begreift, daß die Grenzen der Wissenschaft im Unsicheren verdämmern, braucht sich nicht deswegen von ihr abzuwenden und den Wert des wissenschaftlichen Denkens zu negieren. Er muß es jedoch auf seine Wissenschaftlichkeit hin befragen und damit, wie eingangs angedeutet, eine Frage aufwerfen, die den Fachvertretern nicht immer genehm ist. Mit ihr befassen sich die Wissenschaftstheoretiker, die ihrerseits Wissenschaftler sind oder zu sein beanspruchen. Wenn sie aber die Wissenschaft auf wissenschaftliche Weise zu definieren suchen, setzen sie das zu Definierende als bereits definiert voraus, so daß sie sich in einem *circulus vitiosus* bewegen. Abgesehen davon fordert jede Definition zu weiteren Fragen heraus, und keine ist so fest und sicher, daß sie, wenn einmal gegeben, für alle Zeiten fortbestehen kann.

Collingwood definiert das wissenschaftliche Denken als »systematic or orderly«, aber sowohl das Adjektiv »systematic« als auch das Adjektiv »orderly« verlangen nach definitorischer Klärung. Hätten wir eine Gruppe von Wissenschaftstheoretikern beieinander, dann würde schnell Streit ausbrechen, und wenn die Versammelten im Laufe der Diskussion auf das Wort ›Denken‹ stießen, dann nähme der Streit kein Ende. Dann müßte über das Denken nachgedacht werden und man würde vielleicht fragen, ob dies nicht eine Aufgabe der Metaphysik sei. Sir Karl Popper aber, den Erben als

Gewährsmann anruft, macht eine grundsätzliche Unterscheidung zwischen ›wissenschaftlich‹ und ›metaphysisch‹.

Da aber Sir Karl kein Papst ist und nicht *ex cathedra* spricht, schuldet ihm niemand absolutes Vertrauen. Auch der Oxforder Philosoph A. J. Ayer, der mit in der Runde sitzen könnte, braucht uns nicht einzuschüchtern, wenn er sagt, es sei heute üblich geworden, der Metaphysik zu »mißtrauen«[16], denn gerade dann wäre es seine Aufgabe, das Mißtrauen zu überprüfen. Vor Gericht genügt es nicht, daß ein Mensch des Diebstahls verdächtigt wird, und daß der Ankläger seiner Aussage mißtraut; die Schuld muß nachgewiesen werden. Die Metaphysik verdient eine ähnliche Behandlung. Ehe man sie verurteilt, muß man sie anhören, und das heißt, man muß die Philosophen, die sich als Metaphysiker verstanden haben, studieren. Man setzt sich damit ein Arbeitspensum, das längere Zeit in Anspruch nimmt. Sein Ergebnis steht nicht von vornherein fest, und es könnte durchaus sein, daß der Studierende am Ende von der Wichtigkeit der Metaphysik überzeugt ist und ihr die – ehrenvolle – Bezeichnung ›Wissenschaft‹ zuerkennt.

Von vornherein wird er wohl zugeben müssen, daß nicht alle Metaphysiker Hohlköpfe waren; auf jeden Fall ist es sehr unwahrscheinlich, daß sie es waren. Aristoteles, Thomas von Aquin, Kant, Hegel haben eine kaum ermeßbare Wirkung gehabt; wären ihre metaphysischen »Sätze« (»propositions«) reiner »Unsinn« (»nonsense«), wie Ayer meint und beweisen zu können glaubt[17], dann hätten nicht nur sie, sondern auch ihre Schüler und Nachfolger sich wenigstens zeitweise im Zustand des Deliriums befunden. Das ist nicht eben wahrscheinlich. Es ist auch nicht sehr wahrscheinlich, daß erst die neueren Philosophen, die der Metaphysik »mißtrauen«, herausgefunden haben, worum es in der Philosophie eigentlich geht, gehen darf und gehen soll.

Bekanntlich gäbe es ohne Hegel keinen Marx, und ohne

Marx keinen Marxismus. Das wäre vielleicht erfreulich, aber der Marxismus läßt sich nicht ignorieren; wer ihn verstehen will, muß mit Hegel anfangen. Schlägt er dann die *Phänomenologie des Geistes* auf, dann liest er in der »Vorrede« (die einige Anforderungen an sein Denkvermögen stellt) das Folgende: »Die wahre Gestalt, in welcher die Wahrheit existiert, kann allein das wissenschaftliche System derselben sein. Daran mitzuarbeiten, daß die Philosophie der Form der Wissenschaft näherkomme, – dem Ziele, ihren Namen der Liebe zum Wissen ablegen zu können und wirkliches Wissen zu sein, – ist es, was ich mir vorgenommen.«[18] Ob Hegel seinem Ziele nähergekommen ist, das lehrt allein die Lektüre des ganzes Buches.

Auch der Marxismus geriert sich als Wissenschaft; seine Anhänger sprechen mit Stolz vom ›wissenschaftlichen Sozialismus‹, den sie gegen den nur ›utopischen‹ ausspielen. Ihre Lehre steht auf dem, wie sie behaupten, festen Grunde des Materialismus, welcher die Priorität der Materie vor dem Geist annimmt. Das heißt, einfach gesagt, daß zuerst die Materie da ist, und daß der Geist danach, als ihre Begleit- und Folgeerscheinung, auftritt. Diese Annahme, die nicht immer mit wünschenswerter Schärfe formuliert wird, hat den Charakter einer ›These‹ (= ›Setzung‹), und zwar den einer metaphysischen These, denn sie bezieht sich auf das, was zuerst *ist* und somit der Grund von allem anderen ist. Der Materialist, der sie ›setzt‹, ist, ob er will oder nicht, Metaphysiker.

Wer das nicht glaubt, sollte die aristotelische *Metaphysik* konsultieren. Es ist überhaupt, wie Collingwood zu Anfang seines genannten *Essay* bemerkt, »only decent and certainly wise«, sich zunächst einmal von Aristoteles belehren zu lassen, denn er hat diese Wissenschaft begründet. Daß sie nach Ayer und anderen keine Wissenschaft ist und aus lauter Unsinn besteht, sollte niemanden anfechten. Der zum Lesen

Willige, der auch Kommentare und die Sekundärliteratur benutzt, erfährt, daß Aristoteles selbst das Wort ›Metaphysik‹ nicht gebraucht, daß es sich also nicht um eine Wissenschaft handelt, die das, was ›nach‹ oder ›hinter‹ dem Natürlichen ist, erforscht, sondern unter anderem, das reine Sein. Das Denken, das sich auf das reine Sein richtet, heißt bei Aristoteles die »erste Philosophie«; damit ist die Philosophie gemeint, die logisch, aber nicht zeitlich, dem Denken über einzelnes Seiende vorausgeht.[19]

Der Materialist, der das reine Sein mit der Materie identifiziert, betreibt »erste Philosophie«, die wir heute und schon seit geraumer Zeit ›Metaphysik‹ nennen. Ob die materialistische Metaphysik vernünftig ist, läßt sich allerdings bezweifeln. Der Materialist nämlich könnte sich klarmachen, daß nur der Geist – sein eigener in diesem Falle – in der Lage ist, die Materie als das reine Sein zu setzen, daß der Geist also immer schon da sein muß, bevor überhaupt etwas gesetzt wird. Der Geist hat die logische Priorität, wie Aristoteles, Hegel und andere Metaphysiker wußten. Wenn der Materialist das nicht einsehen will, dann fällt ihm eine gewaltige Beweislast zu. Er muß zeigen, wie der Geist aus der Materie ›hervorgeht‹ oder ›in ihrem Gefolge auftritt‹ – und beobachten läßt sich das nicht. Kein Chemiker hat je den Geist in der Retorte hergestellt, und kein Chemiker wird ihn je in der Retorte herstellen; wenn der Chemiker nämlich nicht über seinen Geist verfügte, dann könnte er weder Retorten her-, noch Experimente anstellen. Die logische Priorität des Geistes ist absolut; ich kann nicht über den Geist hinaus denken, obwohl ich ihn be-denken kann. Dann aber macht sich der Geist selbst zu seinem Gegenstand und versucht, Denker des von ihm Gedachten zu sein. Dabei ergeben sich Probleme, über die man einiges in Sartres *L'être et le néant* erfahren kann.[20]

Sie sollen uns nicht weiter beschäftigen, da wir hier auf

den Grund des »Mißtrauens« gegenüber der Metaphysik gestoßen sind. Ayer (er ist nicht der einzige) hält alle metaphysischen »Sätze« (»propositions«) für Unsinn, weil sie sich nicht durch einen Hinweis auf beobachtete »Tatsachen« (»facts«) bestätigen lassen. Nur solche Sätze, die sich durch einen Hinweis auf beobachtete Tatsachen bestätigen lassen, sind sinnvoll.[21] Das sind harte Worte; wenn sie zutreffen, ist der Materialismus Metaphysik und deswegen unsinnig. Aber wenn sie zutreffen, dann sind sie selbst unsinnig, denn wo sind die »beobachteten Tatsachen«, mit denen sie übereinstimmen?

Und was überhaupt sind ›Tatsachen‹ oder ›Fakten‹? Ein ›Faktum‹ ist etwas, das gemacht worden oder geschehen ist; ›Fakten‹ gibt es daher im Bereich der Geschichte.[22] Das ist wohl nicht allen, die sich auf ›Tatsachen‹, auf ›harte Tatsachen‹ oder ›hard facts‹ berufen, deutlich bewußt; gewöhnlich meint man mit solcher Redeweise einen ›Sachverhalt‹, der sich nicht bestreiten läßt, an dem nicht zu rütteln ist. Wer trotzdem ›rüttelt‹, erhält oft strafende Blicke, die besagen, daß der jeweilige ›Sachverhalt‹ nicht bestritten werden sollte, daß der Zweifel ein kecker Frevel ist, und dann verwandelt sich der Sachverhalt wohl auch in eine von den heute so gern beschworenen ›Realitäten‹. Wenn der Zweifler nicht zu zweifeln aufhört, kommt es zum Abbruch der Diskussion, und daraus erhellt, daß die Tatsachen nicht so ›hart‹ sind, wie sie sein müßten und auch nicht so evident. Ist es eine ›Tatsache‹, daß Deutschland noch als politische Einheit besteht, oder sind inzwischen neue Tatsachen geschaffen (das heißt gemacht) worden?

Wir könnten weiter fragen, was ›beobachten‹ hieße. Ayer selbst hat sich die Frage vorgelegt und ist zu einem recht verwirrenden Ergebnis gekommen. Manche Leute nämlich, sagt er, verhalten sich »unvernünftig« (»irrationally«) und akzeptieren einen »Satz« (»proposition«) auf der Grundlage von Beobachtungen, die nicht tragfähig sind. Jemand, der Gott um Regen bittet und dann den Regen fallen sieht, kann daraus den Beweis ableiten, daß Gott existiert, und das wäre, nach Ayer, ein Irrtum, obwohl das Fallen des Regens richtig beobachtet wird.[23]

Woher aber weiß Ayer, daß ein Gebet um Regen »unvernünftig« ist? Auf welche beobachteten Tatsachen stützt er sich? In Schwarzafrika sind noch heute professionelle Regenmacher tätig – hat er sich mit einem von ihnen unterhalten? Gespräch und Beobachtung würden ihm wahrscheinlich zeigen, daß der Regenmacher davon überzeugt ist, sich vernünftig zu verhalten; es wäre nun an Ayer, ihn von der Unvernünftigkeit zu überzeugen, und dazu müßte er Kriterien entwickeln, die der schwarze Magier nach einigem Zögern als gültig akzeptiert. Das wiederum ist sehr unwahrscheinlich. Der weiße Philosoph, der in seinem Denken um wissenschaftliche Exaktheit bemüht ist, würde resigniert feststellen, daß man über Vernunft und Unvernunft verschiedener Meinung sein kann.

Das Gespräch, käme es überhaupt zustande, würde vermutlich außerdem zeigen, daß der Magier nicht den ›Satz‹ aufstellt, daß der für Regen zuständige Gott existiere, und daß er nicht diesen Satz als durch den Regenfall bestätigt annimmt. Vielmehr wird die Existenz des Gottes vorausgesetzt, und zwar selbstverständlich vorausgesetzt; für den Magier steht sie nicht zur Diskussion. Der weiße Philosoph, der gern eine Diskussion herbeiführen möchte, setzt voraus, daß der Gott nicht existiert, so, als ob sich das von selbst verstünde. Die Folge davon ist, daß beide aneinander vorbeireden; es sei denn, einer von ihnen könne den anderen zur Annahme *seiner* Voraussetzung bekehren. Daß der Philosoph sich bekehren läßt, ist erneut unwahrscheinlich, jedenfalls dann, wenn er seine Vernünftigkeit für die einzig vernünftige hält und auch das als selbstverständlich voraussetzt. Keine irgendwie geartete Beobachtung würde ihn von seiner Voraussetzung abbringen. Die resignierte Feststellung, daß man über Vernunft verschiedener Meinung sein kann, würde die für ihn tröstliche Gewißheit mit sich bringen, daß jeder, der anderer Meinung ist, keinen rechten Begriff von Vernunft hat. Vielleicht aber bringt die tröstliche Gewißheit eben nicht mehr als Trost, vielleicht tröstet sie über den gefährlichen Zweifel hinweg.

Sowohl der schwarze Magier als auch der weiße Philosoph denken, und jedes Denken geht von Voraussetzungen aus. Der Denkende kann sich seiner Voraussetzungen vergewissern, er kann sie prüfen, korrigieren, durch andere ersetzen. Manche Voraussetzungen aber sind unersetzlich, sie müssen gemacht werden und sind daher absolut. Nach Collingwood ist das Studium der »absolute presuppositions« die Hauptaufgabe der Wissenschaft von der Metaphysik.[24]

Der Glaube an den Wert des Denkens, an den Wert und Sinn wissenschaftlichen Forschens, ist eine Voraussetzung, die dem Zweifel nicht immer standhält. Meist macht man sie stillschweigend, man spricht nicht über sie und hütet sich, mit dem Gedanken an sie zu rühren. Sie ist relativ, obwohl sie den Anschein – und die Wirkung – einer absoluten Voraussetzung hat. Der Satz von der Einheit des Alls dagegen gilt absolut; ein verspieltes Denken kann ihn zwar in die Unverbindlichkeit des Spiels einzubeziehen versuchen, aber es kommt nicht an ihm vorbei.

Dieser Satz ist von Heraklit formuliert und zugleich begründet worden. Er lautet in der deutschen Übersetzung von Bruno Snell: »Habt ihr nicht mich, sondern den Sinn vernommen, so ist es weise im gleichen Sinn zu sagen: Eins ist alles.«[25] Mit »Sinn« übersetzt er das griechische Wort »logos«, das sich bekanntlich nicht mit einem Wort in die modernen Sprachen übersetzen läßt, weil es eine Fülle von Bedeutungen enthält: ›Sprache‹, ›Wort‹, ›Rede‹, ›Vernunft‹,

›Sinn‹ und noch einiges mehr. Wir verstehen den Satz von der Einheit des Alls, wenn wir uns klarmachen, daß wir, wenn wir ›das All‹ sagen, ›eins‹ meinen, und das gilt auch dann, wenn wir, wie Heraklit, nicht ›das All‹, sondern ›alles‹ sagen. Das All ist alles; es wäre sinnlos, von mehreren ›Allen‹ zu sprechen, weil keines von ihnen ›alles‹ sein könnte. Der Plural ›alle‹ wird nur dann sinnvoll gebraucht, wenn er sich auf Teile bezieht, die miteinander zusammenhängen, und es ist die Einheit, die den Zusammenhang gibt.

Das All ist das Ganze. Seine Einheit läßt sich durch Beobachtung weder bestätigen noch negieren, weil sie sich nicht dem Blick des Beobachters zeigt. Er müßte aus dem Ganzen heraustreten und sich ihm gegenüberstellen, aber er findet keinen Punkt, auf dem er stehen kann. Auch wissenschaftliche Experimente taugen nicht dazu, die Richtigkeit oder Falschheit des Satzes ›Das All ist eines‹ nachzuweisen, denn das Ganze ist eines, weil der Sinn des Wortes die Einheit setzt. Vielleicht gibt es Gegenwelten, Welten, in denen es anders zugeht als in dem uns bekannten Teil, aber auch sie wären Teile. Wer von ›Gegenwelt‹ spricht, meint eine Welt, die für sich besteht, aber dieses ›für sich‹ trifft auf viele ›Welten‹ zu, etwa die des Theaters oder die des Sports. Mit ›Welt‹ meinen wir nicht immer das Weltall; manche Welten sind sehr klein, und der Horizont ihrer Bewohner ist eng; das Weltall ist so groß, daß wir es uns nicht vorstellen können; trotzdem sind wir gezwungen, es als Einheit zu kon-zipieren (das heißt zusammenzufassen). Wir nehmen die Einheit als ›gegeben‹ an, sollten aber nicht vergessen, daß ihr ›Geber‹ der ›logos‹ ist.

Der ›logos‹ war am Anfang; er war schon da, ehe die Welt da war, denn alles, was ist, ist von ihm geschaffen worden – das besagen die ersten Sätze des Johannes-Evangeliums; sie verkünden zugleich, daß der ›logos‹ Gott ist. Wer Metaphysik für Unsinn hält, wird sie als belanglos abtun. Sie sind nicht wissenschaftlich, jedenfalls nicht wissenschaftlich im Sinn der heutigen Naturwissenschaften. Aber vielleicht setzen sie das, was wir voraussetzen, wenn wir überhaupt Wissenschaft betreiben. Wohin geraten wir, wenn wir nicht voraussetzen, daß der ›logos‹ schon von jeher war?

Fragen wir noch einmal bei Heinrich K. Erben an. Er spricht im Namen »der« Evolutionsbiologie, identifiziert sich also mit dieser Wissenschaft und könnte nicht eben bescheiden sagen: ›Die Evolutionsbiologie – das bin ich!‹ Ob ihm alle Kollegen zustimmen, bleibe dahingestellt; er nimmt jedenfalls einiges an, was auch andere annehmen. Vor allem nimmt er – wie zu erwarten – an, daß die Evolution stattgefunden hat, und er gerät anscheinend in Erregung, wenn ihm jemand die Gefolgschaft verweigert. »Wir selbst sind, nur ein Ignorant könnte es leugnen, ein Ergebnis der Evolution.« Das ist nicht die Sprache kühler Wissenschaftlichkeit, sondern die eines Gläubigen, der sich bedroht fühlt und bedroht fühlen muß, weil er seiner Sache nicht sicher ist. Kurz vorher nämlich gibt Erben zu, daß die Evolution nicht »unmittelbar erfahrbar« sei, und zwar »tatsächlich« nicht. Ist es dann ein Zeichen von Ignoranz, wenn man Bedenken anmeldet? Auch der sonst so verehrte Sir Karl Popper äußerte einmal Bedenken, aber das war, wie Erben mit Strenge konstatiert, ein »Mißgriff«.[26]

Erben glaubt und möchte seinen Glauben verbreiten; er wirbt um Jünger. Probleme werden rasch und scheinbar mühelos erledigt. Wenn die Evolution stattgefunden, und zwar auf unserm Planeten stattgefunden hat, dann muß sie einmal angefangen haben – aber wann, wie und warum? Das sind peinliche Fragen; es empfiehlt sich, ihnen aus dem Wege zu gehen. Erben erklärt nur das ›Wie‹, indem er sagt: »Die Antriebskraft der biologischen Evolution ergibt sich aus dem Zusammenwirken der folgenden hauptsächlichen Faktoren:« – welche Faktoren er meint, ist gleichgültig, weil er sich in den reinen Unsinn verrennt.[27] Eine Antriebskraft nämlich ist eine Kraft, die etwas antreibt; wenn aber »die« Antriebskraft der Evolution sich aus dem Zusammenwirken von Faktoren ergibt, dann wird sie selbst von etwas angetrieben, führt also ihren Namen zu Unrecht. Angetrieben wird sie von den Faktoren, die zusammenwirken, weil sie von irgendeiner Kraft zum Zusammenwirken angetrieben worden sind. Diese Kraft wäre diejenige, die den Namen der »Antriebskraft« verdient. Sie entzieht sich jedoch dem forschenden Blick des Evolutionsbiologen, so daß sie mit einem x = unbekannt zu bezeichnen ist.

Der Leser könnte hier ins Nachsinnen verfallen und allmählich seine Phantasie walten lassen. Dann würde er den ›Faktoren‹ Geist und Leben einhauchen, so daß sie sich in mächtige, gottähnliche Wesen verwandeln – und warum nicht gleich in Götter? Sie sitzen eines Tages bei ihrem Mahle, sei es auf dem Olymp oder in Walhalla, und finden, daß es unten auf der Erde recht öde sei, daß man etwas tun müsse. So beschließen sie, einen Prozeß in Gang zu setzen, an dessen Ende jemand steht, mit dem sie reden können – der Mensch, wie sie, da mit göttlichem Weitblick begabt, schon wissen. Gesagt, getan; sie gehen unverzüglich ans Werk, gemeinsam, angeleitet vielleicht vom höchsten Gott, der dann der eigentliche ›Faktor‹, das heißt ›Macher‹, wäre. Vielleicht hat er auch das ›Zusammenwirken‹ aller Götter veranlaßt.

Dieses Spiel der Phantasie, ein Mythos oder ein Märchen, enthält einen Kern, der auch dem Evolutionsbiologen einiges zu Knacken gibt. Die Götter handeln planmäßig, sie wissen, was sie wollen und worauf sie hinauswollen. Impliziert nicht das Wort ›Evolution‹ ein planmäßiges Handeln, setzt es nicht Wissen und Wollen voraus? ›Evolution‹ heißt so viel wie ›Entwicklung‹ – kann man etwas oder kann sich etwas planlos entwickeln? Wer annimmt, die Evolution sei planlos verlaufen, gerät in den Selbstwiderspruch, und das Wort ›Evolution‹ wird zur leeren Metapher, die durch einen tragfähigen ›wissenschaftlich gesicherten‹ Begriff ersetzt werden muß.

Henri Bergson hat das Problem gesehen und den Begriff der »schöpferischen Entwicklung« geprägt.[28] Er streitet die Evolution als solche nicht ab, aber er sieht sie als von einer Macht bewirkt, die er »élan vital« nennt. (Die gängige deutsche Übersetzung »Lebensschwung« ist nicht sehr glücklich.) Der »élan vital« weiß, was er will; er ist die ›Antriebskraft‹, die von allem Anfang an da ist. Er ähnelt in einigem dem johanneischen ›logos‹, und auch Bergson ist letztlich Metaphysiker. Wohl schon deswegen erregt er den Verdacht von Jacques Monod, der ihm Mangel an Logik bescheinigt.[29]

Ist es unlogisch, eine lebendige, wollende und wissende Macht als den ›Anfang‹ zu setzen? Wer immer nach einer ›Antriebskraft‹ fragt, wer, sei es nur schattenhaft, begreift, daß diese Frage gestellt werden muß, fragt nach dem Anfang der Bewegung, nach ihrer Ursache oder ihrem Urheber, nach ihrem eigentlichen ›Faktor‹. Wenn der Fragende Wissenschaftler zu sein beansprucht, ist ihm zu raten, die Literatur zum Thema zu konsultieren, und er wird nach vielleicht geraumer Zeit auf Aristoteles verwiesen werden. Bei Aristoteles findet er eine Antwort, die er nicht gering achten sollte, auch wenn sie in dem Buch mit dem Titel *Metaphysik* steht.

Ich versuche die Gedanken des Aristoteles, auf die ich in einem anderen Zusammenhang eingegangen bin[30], mit meinen Worten wiederzugeben. Wenn wir konstatieren, daß alles, mithin das All, in Bewegung ist, dann müssen wir herausfinden, ob sie irgendwo ihren Grund hat. Hat sie keinen Grund, dann ist sie durch nichts verursacht, und das bedeutet, daß sie jeder Zeit aufhören kann; alles würde in einem Augenblick stillstehen – wie das verzauberte Schloß im Märchen von Dornröschen. Wenn aber ein Grund besteht, dann muß er fest stehen, unbeweglich, als ein immer Seiendes, von dem wir sagen können, daß es *ist*, daß es nichts ist, als das, was es ist. Hätte es auch nur die Möglichkeit des Andersseins in sich, würde es nicht fest stehen und könnte ›grundlos‹ selbst in Bewegung geraten. Es könnte aber auch ebenso ›grundlos‹ wieder in den Zustand der Ruhe übergehen, so wie die Bewegung überhaupt.

Der feste Grund ist, so legt Aristoteles dar, der »unbewegte Beweger«, und der unbewegte Beweger ist Gott. Gott ist reiner Geist, so wie der Gott der Christen, welcher jedoch, wie das Alte Testament zeigt, beweglich ist, nicht nur in Raum und Zeit, sondern auch in seinem Gemüt, denn er zürnt und freut sich, verheißt, droht, bestraft. Christliche Theologen, die von Aristoteles die Konzeption des unbewegten Bewegers übernehmen, geraten in Schwierigkeiten, um die wir uns hier nicht zu kümmern brauchen. Der aristotelische Gott spricht nicht zu den Menschen, er offenbart sich nicht, sondern er wird gedacht und vom Denken erschaut (in der ›Theorie‹, die eigentlich so viel ist wie ›Anschauung‹) – oder, wenn man so will, er ›offenbart‹ sich den Denkenden. Er ist der Gott der Philosophen, derer, die ›die Weisheit lieben‹.

Wem das alles ›zu metaphysisch‹ klingt, wer die Rede (den ›logos‹) vom unbewegten Beweger als ›pseudo-proposition‹ abtut, der möge bedenken, daß er, wäre er konsequent, das gleiche Verdammungsurteil über die Rede von der ›Antriebskraft‹ der Evolution fällen müßte. Die Antriebskraft, die den Gang der Evolution verursacht hat, läßt sich nicht beobachten, sondern sie wird vom Denken gesetzt, sie ist eine metaphysische Konstruktion, ähnlich wie der unbewegte Beweger. Die Wissenschaft von der Evolutionsbiologie gerät schon dadurch in die Metaphysik, daß sie überhaupt nach einer Antriebskraft fragt. Wenn sie sich mit dem Beobachten des Beobachtbaren begnügten, dann würde sie nicht fragen, warum das Beobachtete sich so verhält, wie es sich verhält; nur wenn sie die Frage nach dem Warum unterdrückte, bliebe sie im Bereich dessen, was von ihr als erfahrbar angesehen wird. Setzt sie nun eine Antriebskraft, die sich aus verschiedenen Faktoren ergibt, so betreibt sie damit nicht Naturwissenschaft, sondern schlechte Metaphysik; sie tut das, was sie für unzulässig erklärt und weiß nicht, wie es getan werden muß. Das Studium der aristotelischen Metaphysik könnte auch dem Evolutionsbiologen nicht schaden, und das Wort Gott sollte ihn nicht abschrecken.

Doch scheint das Mißtrauen gegenüber der Metaphysik für viele unüberwindlich. Es hindert Ayer daran, sich mit seinem verstorbenen Oxforder Kollegen Collingwood auseinanderzusetzen, und es hält ihn wohl auch davon ab, das Problem der Beweisbarkeit Gottes ernsthaft zu diskutieren; zwar äußert er sich zu einigen der klassischen Gottesbeweise, unter anderem zu denen, die Thomas von Aquin vorträgt, aber die Rede vom unbewegten Beweger erörtert er nicht.[31] Thomas hat sie von Aristoteles übernommen und mit Präzision wiedergegeben; es wäre außerordentlich schwierig, ihn des Unsinns oder der Unvernunft zu überführen.[32] Nun kann man, wie ich schon bemerkte (und kaum zu bemerken brauchte), verschiedener Meinung sein hinsichtlich dessen, was vernünftig ist. Eine Diskussion zwischen A. J. Ayer und einem schwarzen Regenmacher würde keine wünschenswerten Ergebnisse zeitigen; für Ayer ist der anzurufende Gott nicht da, für den Regenmacher ist er da. Beide können sich auf ihre Erfahrung berufen, aber die Erfahrung beweist nichts, es sei denn, sich selbst. Der Philosoph kann sagen, daß er weder diesen noch sonst einen Gott gesehen habe, und das mag ein ›fact‹ sein, aber der ›fact‹ beweist nicht, daß der Regenmacher sich irrt und daß er, ob ausdrücklich oder nicht, eine ›pseudo-proposition‹ aufgestellt hat. Wer keine Götter gesehen hat, hat keine gesehen, das ist alles; wer sie gesehen hat,

hat sie gesehen. Beide Disputanten haben ihre Gründe, beide halten sich für vernünftig; unvernünftig aber ist es, die eigene Erfahrung mit einem Beweis, den der andere akzeptieren muß, zu verwechseln.

Unvernünftig ist es auch, wie mir weiter scheint, aus der eigenen Überzeugung einen Beweis für die Richtigkeit der eigenen Überzeugung zu machen. Der Atheist kann noch so sehr davon überzeugt sein, ›daß Gott nicht ist‹, er kann auch seine Gründe haben, die ihm den Glauben an Gott verwehren: bewiesen ist damit nichts. Der Unglaube ist nur ein negativer Glaube, und der Satz: ›Es gibt weder Gott noch Götter‹ ist eine ›absolute Voraussetzuung‹.

Sie geht meistens zusammen mit der ›absoluten Voraussetzung‹ des Materialismus, für den die Materie das primäre Sein ist. Werden sie beide zur gleichen Zeit gemacht, dann führen sie zu Problemen, die dem ›Setzenden‹ allerdings nicht immer in ihrer ganzen Schärfe deutlich sind, denn um sie zu sehen, muß er wissen, was er vorausgesetzt hat. In vielen Fällen gilt die eine und die andere Voraussetzung als ›selbstverständlich‹ und wird daher ohne weiteres akzeptiert; Widerspruch gilt als ›unwissenschaftlich‹.

Die Evolutionsbiologie, die Erben mit seiner ganzen Autorität vertritt (wie viele Kollegen sich von ihm vertreten lassen, ist hier unerheblich), nimmt mit Gewißtheit an, daß Leben und Geist (also der ›logos‹) im Laufe der Evolution entstanden seien. Entstanden sein können sie nur aus dem, was vor ihnen da war, und das kann nur die Materie sein. Leben und Geist sind nicht dasselbe wie die Materie, denn sonst würden sie nicht aus ihr entstehen oder wären nicht aus ihr entstanden. Wie aber entstehen sie aus dem, was sie nicht sind? Birgt die Materie die ›Keime‹ von Leben und Geist in sich? Die ›Vorstufen‹? Wenn ja, dann sind Geist und Leben schon da, und die Materie ist mit Geist und Leben begabt. Aber von wem ›begabt‹? Von sich selbst? Das wäre eine erstaunliche Begabungsfähigkeit. Oder sind die ›Keime‹ und ›Vorstufen‹ eines Tages entstanden, um eines Tages ans Licht zu treten? Auch das wäre erstaunlich. Man kommt aus dem Staunen gar nicht heraus, aber man kommt zu keiner Antwort. Es hilft nichts, daß die Wissenschaft mit einem Wort wie ›präbiotisch‹ arbeitet; ›präbiotisch‹ ist das vor (›prae‹) dem Leben (›bios‹) Daseiende, und wir möchten gerade wissen, was vor dem Leben da ist und wie es beschaffen ist. Dem Wortsinn nach ist alles, was vor dem Leben da ist, präbiotisch; gemeint wird offenbar etwas, das ein bißchen lebt, aber noch nicht richtig. Worin besteht der Unterschied zwischen ›ein bißchen‹ und ›richtig‹? Man könnte sagen, daß der richtig lebt, der das Leben genießt, und ein bißchen der Kranke, der sich nicht aus dem Bett erhebt, würde jedoch damit kaum das treffen, was die Wissenschaft sagen will.[33]

Sie geriete in ernsthafte Verlegenheit, wenn sie ihre Voraussetzungen überdächte; sie würde bemerken, was für Probleme sie sich auflädt. Wäre es nicht ratsam, so etwas wie den ›élan vital‹ vorauszusetzen? Oder den ›unbewegten Beweger‹? Es bedürfte dann nicht mehr der Erklärungen, wie Geist und Leben aus dem, was sie nicht sind, entstehen.

Man kann sich auch auf andere Weise helfen. Man bleibt dabei, daß Geist und Leben erst spät, eben im Laufe der Evolution, entstanden sind, und man beläßt der Materie die Priorität. So wird sie zwangsläufig für ›tot‹ erklärt, bevor sie überhaupt zum Leben erwachte, und sie wird außerdem zur ›Geistlosigkeit‹ verurteilt. Sie muß sich das gefallen lassen; da sie tot und geistlos ist, erwartet man auch keinen Protest. Aber sie muß es sich auch gefallen lassen, daß die Wissenschaft ihr Geist und Leben einhaucht und damit ihr Wesen verfälscht. Man sagt, daß die Materie ›sich‹ bewege, ohne zu berücksichtigen, daß etwas Totes nicht ›sich‹ bewegen, sondern nur bewegt werden kann. Bewegt werden kann jedoch die tote Materie nur von sich selbst, und das bedeutet, daß sie nicht so tot ist wie sie aussieht. Sie wird in dem Augenblick lebendig, da man ihr Eigenbewegung zuschreibt, und sie wird sogar mit Geist erfüllt, denn sie gehorcht Gesetzen, die ihr die Bewegungen vorschreiben. Gehorchen kann nur der zum Hören Fähige, und der hörend Gehorchende versteht, was er tun soll. Er vernimmt eine Stimme; die Materie vernimmt die Stimme der Natur, die, wahrscheinlich vor langer Zeit, ihre als ›Naturgesetze‹ bezeichneten Gesetze erlassen hat. Die Materie verhält sich mustergültig: Newtons Apfel fällt noch heute vom Baum, und der Apfel wäre sicher auch vom Baum des Paradieses gefallen, wenn ihn Adam und Eva nicht gegessen hätten – vorausgesetzt, daß sich Adam und Eva im Paradies befanden, und das setzt die Wissenschaft nicht voraus.

Aber sie setzt sehr viel voraus, wenn sie von ›Naturgesetzen‹ spricht. Jedes Gesetz bedarf eines Gesetzgebers, von dem es gesetzt wird, und der Gesetzgeber muß, wenn auch nur in bescheidenem Maße, am ›logos‹ Anteil haben. Die Natur, die Gesetze erläßt, kann nicht geist-los sein, und diese Forderung erfüllte sie solange wie man sie als eine Göttin verehrte; daß sie lebte, verstand sich *per implicationem*, denn sie war die Herrin des Lebens. Wenn nun die Wissenschaft sie demselben Richtspruch unterwirft wie die Materie, dann gibt es keine ›Naturgesetze‹ mehr, und das jedenfalls ist vielen Wissenschaftlern nicht verborgen geblieben.

Das Wort ›Naturgesetz‹ wird zur Metapher. Überhaupt spricht die Wissenschaft eine metaphorische Sprache. Es ist metaphorisch zu verstehen, wenn gesagt wird, daß die Materie ›sich‹ bewege, daß sie ›gehorcht‹; Erben hat eine Vorliebe für die Metapher »Weichenstellung«, und er weiß (immerhin), daß er Metaphern gebraucht, betont aber, daß sie zum Verständnis notwendig seien.[34] Nur möchte er nicht beim

Wort genommen werden, aus gutem (oder schlechtem) Grunde – sein Wort besagt das Gegenteil von dem, was er meint und glaubt. Eine Weichenstellung, die im Lauf der Entwicklung stattgefunden hat, ist von jemandem vorgenommen worden, und dieser im übrigen unbekannte ›Jemand‹ wußte nicht nur, wie Weichen zu bedienen sind, sondern auch, wohin der ›Zug fahren‹ sollte – hätte er nicht aufgepaßt, dann wäre womöglich ein Unglück passiert, und wir würden statt des Gehirns Moos im Kopfe tragen. Daß jemand ›da war‹, sagt die Metapher; Erben glaubt, und er glaubt zu wissen, daß niemand da war. Seine Sprache erweckt Mißtrauen; er sagt nicht immer, was er glaubt.

Metaphern sind notwendig, um einen dunklen Sachverhalt zu erhellen; kein Sprechender kommt ohne sie aus, und das Wort ›Metapher‹ ist selbst eine Metapher. Sie bedeutet, daß ich ein Wort aus einem Sinnbezirk in einen anderen ›hinübertrage‹, und sie gibt zu verstehen, daß dieses Wort in dem Sinnbereich, aus dem ich es ›übertrage‹, seinen eigentlichen Platz hat. Diese Erklärung von ›Metapher‹ ist nicht nur ihrerseits metaphorisch (die Metapher ›bedeutet‹, das Wort ›hat seinen Platz‹), sie zeigt auch, daß ein Wort wie von selbst seinen ›Platz‹ wechselt und nicht einfach ›übertragen‹ wird. Eine tiefer dringende Analyse führt zu dem Ergebnis, daß wir oft nicht angeben können, wo ein Wort seinen eigentlichen ›Platz‹ hat. Ist das ›Heulen‹ dem Sturm, dem Wolf oder dem Kind eigentümlich? Dem Naturphänomen, dem Tier oder dem Menschen? Daß die Uhr ›geht‹, scheint eine einfache Übertragung zu sein; aber übertrage ich auch, wenn ich sage, sie ›steht‹? Und meine ich mit dem ›Gehen‹ der Uhr nicht auch, daß sie funktioniert?

Es gibt viele Dinge, die ich nur metaphorisch fasse, und es gibt vieles, das ich nicht einmal als ›Ding‹ fasse. Es gibt den Tod, aber ich weiß nicht, was er ist, ich weiß nur, daß er kein Ding ist. Trotzdem ›stellt‹ der Arzt ›fest‹, daß der Tod ›eingetreten‹ ist; er hat dafür seine Kriterien (die nicht sicher und allgemein gültig zu sein brauchen), und er spricht so, als ob der Tod sich ›feststellen‹ ließe und als ob er von draußen ›eingetreten‹ wäre.

Da der Tod seinem Wesen nach unbekannt ist, ›faßt‹ ihn die Sprache mit vielen Metaphern, von denen manche sich widersprechen. Der Tod ›schlägt zu‹, ›hält Ernte‹, ›lauert‹, ›überfällt‹, ›geht vorbei‹, ›erlöst‹, ›kommt als Freund‹, ›ist unerbittlich‹. Wir ›sehen ihm ins Auge‹, aber er hat keine Augen, und wir sehen ihn nie; wir wissen eben nur, daß er ist, und wir sehen ihn nur als Wissende.

Die Metapher ist poetisch; sie ›macht‹ das Unbekannte kenntlich, indem sie ins Dunkle greift und etwas aus ihm herausholt. Im älteren Englisch übersetzte man das griechische ›poietes‹ mit ›maker‹, und Shakespeare ließ im *Midsummer-Night's Dream* den Herzog Theseus die Verse sprechen:

The poet's eye, in a fine frenzy rolling,
Does glance from heaven to earth, from earth to heaven;
And, as imagination bodies forth
The forms of things unknown, the poet's pen
Turns them to shapes, and gives to airy nothing
A local habitation and a name.

Des Dichters Aug, in schönem Wahnsinn rollend
Blitzt auf zum Himmel, blitzt zur Erd hinab,
Und wie die schwangre Phantasie Gebilde
Von unbekannten Dingen ausgebiert,
Gestaltet sie des Dichters Kiel, benennt
Das luftge Nichts und gibt ihm festen Wohnsitz.[35]

Die Metapher vom ›Eintritt‹ des Todes lokalisiert ihn, es ist daher konsequent, ihm auch eine ›Wohnung‹ (»habitation«)

zu geben, ein »Haus« oder eine »Zelle«.[36] Da er auf diese Weise Gestalt annimmt, wird er geschichtlich, so daß man von seinem Wirken erzählen, mit ihm reden, ihn anklagen oder verfluchen kann. Der Starke schlägt ihn sogar nieder, und der Schlaue überlistet ihn – freilich nur im Märchen, von dem jedermann weiß, daß es nur ein Märchen ist.

Die Wissenschaft von der Evolution gerät ins Märchenhafte, wenn sie, um einen Vorgang zu erklären, das Bild eines Weichenstellers beschwört. Jacques Monod verliert sich an einer Stelle seines Buches fast gänzlich ins Märchenhafte, obwohl er seine Geschichte mit Fachausdrücken drapiert. Ich gebe ihm das Wort:

> Das Auftreten der vierfüßigen Wirbeltiere und ihre erstaunliche Entfaltung in den Amphibien, Reptilien, Vögeln und Säugetieren geht darauf zurück, daß ein Urfisch sich ›entschieden‹ hatte, das Land zu erforschen, auf dem er sich jedoch nur durch unbeholfene Sprünge fortbewegen konnte. Im Gefolge dieser Verhaltensänderung schuf er den Selektionsdruck, durch den sich dann die starken Gliedmaßen der Vierfüßler entwickeln sollten. Unter den Nachkommen dieses ›kühnen Forschers‹, dieses Magellan der Evolution, können einige mit einer Geschwindigkeit von mehr als 70 Kilometern in der Stunde laufen, andere klettern mit einer verblüffenden Gewandtheit auf den Bäumen, andere haben schließlich die Luft erobert und damit den ›Traum‹ des Urfischs verwirklicht.[37]

Ich weiß nicht, was an dieser Geschichte auf gesicherten Ergebnissen beruht. Monod selbst gibt zu verstehen, daß er nicht genau das meint, was er sagt, denn er setzt einige Wörter in Anführungszeichen, womit er dem Leser die Mühe der Deutung aufbürdet. Der märchenhafte Charakter der Geschichte läßt sich freilich nicht weg-interpretieren. Der Urfisch ist eine Art von Mensch in Fischgestalt, denn er kann sich entscheiden, hat Wagemut und Entdeckerfreude, kann aber noch mehr als wir alle, denn er verwandelt sich aus eigener Kraft aus einem Wassertier in einen Landbewohner und schafft bei dieser Gelegenheit einen Selektionsdruck, und schließlich erzeugt er ganz ohne fremde Hilfe reiche Nachkommenschaft, und alles das in offenbar sehr kurzer Zeit. Hätte Hans Christian Andersen diese Geschichte erzählt, dann wäre eine Urfisch-Frau an der Erzeugung beteiligt gewesen, und sie wäre dem Urfisch-Mann an Klugheit und Wagemut ebenbürtig.

Der französische Romancier François Mauriac, der ein gläubiger Katholik war, bemerkte, daß Monod seinem Publikum recht viel zumutet: »Was dieser Professor sagt, ist noch viel unglaublicher als das, was wir armen Christen glauben.«[38] Aber dieser Professor sagt auch etwas, das er nicht sagen dürfte, wenn er seinen eigenen Prinzipien treu wäre. Er huldigt nämlich der »Idee der objektiven Erkenntnis als der *einzigen* Quelle authentischer Wahrheit«, und diese Idee garantiert für Wahrheit deswegen, weil sie »keine Erklärung bietet, sondern einen asketischen Verzicht auf jede weitere geistige Nahrung fordert«.[39] Wer so denkt, müßte sogar auf die *Lektüre* von Märchen verzichten. Aber das Märchen, das er ganz unasketisch erzählt, steht nicht nur im Widerspruch zu seinen Prinzipien, sondern ignoriert auch die von ihm gefeierte zentrale Erkenntnis der modernen Biologie, »daß *einzig* und allein der Zufall jeglicher Neuerung, jeglicher Schöpfung in der belebten Natur zugrunde liegt«.[40] Nicht der Urfisch also ›schuf‹ den Selektionsdruck, sondern der Zufall, und der Urfisch sprang nicht absichtlich, sondern zufällig aufs Land. Das ganze Märchen ist ebenso überflüssig wie unsinnig.

Es kommt nun tatsächlich vor, daß ein Fisch aufs oder ins Trockne gerät, und dann macht er wahrscheinlich »unbeholfene Sprünge«, aber es ist dringend nötig, daß er so bald wie möglich wieder ins Wasser springt; zur Schaffung eines Selektionsdrucks bleibt ihm keine Zeit.

Die Rückkehr ins angestammte Element des Wassers ist im eigentlichen Sinne des Wortes not-wendig. Nach Jacques Monod jedoch entsteht die Notwendigkeit im Sinne von Zwangsläufigkeit[41] aus dem Zufall oder auch durch den Zufall – er gibt keine nähere Erklärung dafür, wie sich der Zufall in das Nicht-Zufällige verwandelt, die Willkür ins Gesetz. Offenbar meint er, daß die Evolution, soweit sie gesetzmäßig vor sich geht, ihren Grund im Zufall habe, übersieht dabei jedoch, daß etwas, das blind fällt, nicht zur Grund-lage geeignet ist. Offenbar glaubt er einfach an den Zufall und möchte seine Leser von der Richtigkeit seines Glaubens überzeugen.[42]

Heinrich K. Erben ist einer von denen, die er überzeugt hat, und er vermag sogar zu erklären, warum »vorwärtsschreitende Evolution tatsächlich mit jedem der Entwicklungsschritte eigene Freiheitsgrade aufgibt« (wobei er mit ›Freiheit‹ hier ›Zufälligkeit‹ meint). »Es geht ihr [der Evolution] wie Mephistopheles: ›Das erste steht uns frei, beim zweiten sind wir Knechte.‹« Der Übergang vom Zufall in die Gesetzmäßigkeit wäre damit selbst gesetzmäßig, denn Mephistopheles sagt:

> 's ist ein Gesetz der Teufel und Gespenster:
> Wo sie hereingeschlüpft, da müssen sie hinaus.
> Das erste steht uns frei, beim zweiten sind wir Knechte.[43]

Aber dieses Zitat beweist nicht, daß es sich bei der Evolution genauso verhalten muß. Der Wissenschaftler, der sich beim Teufel Rat holt, scheint in arger Verlegenheit zu sein. Er sollte sich vorsehen, sonst gerät er mit samt seiner Wissenschaft in des Teufels Küche.

II Der Zufall als Weltlenker

Gewöhnlich reden wir von ›Zufall‹, wenn wir ein Geschehen beobachten, das uns erklärungsbedürftig erscheint, das wir aber nicht erklären können. Wir fühlen uns veranlaßt, Warum-Fragen zu stellen, aber keine unserer Fragen erhält eine adäquate Antwort. Warum ging Karl gerade in dem Augenblick am Haus vorbei, als sich der Dachziegel löste? Warum traf der Ziegel gerade ihn? Warum traf er ihn so, daß er sofort tot war? Wenn es dann heißt, ›es war eben ein Zufall‹, ›ein dummer Zufall‹, dann ist damit nichts erklärt, wohl aber entsteht der Schein, daß erklärt worden sei. Dabei wird vorausgesetzt, daß es den Zufall gibt, daß er irgendwie da ist und, weil er da ist, die Möglichkeit hat, irgendwie zu wirken. Diese Voraussetzung nun müßte beweisbar sein und bewiesen werden. Wenn nicht, dann ist der Satz, ›es war eben ein Zufall‹ gleichbedeutend mit ›ich weiß nicht‹, hat jedoch den Vorteil, das Eingeständnis des eigenen Unwissens vermeidbar zu machen.

Würde eines Morgens die Sonne später als im Kalender vermerkt aufgehen, dann müßten die einschlägigen Sachverständigen dieses wahrhaft unvorschriftsmäßige Verhalten erklären. Kämen sie nach langem Forschen zu dem Ergebnis, daß die Sonne ihren Aufgang zufällig verzögerte, dann sollten sie sich nicht wundern, wenn gewitzte Leute andeuteten, daß die Wissenschaft wohl mit ihrem Latein am Ende sei, daß aber ihre Vertreter es nicht gern zugeben möchten. Ist Jacques Monod mit seinem Latein am Ende? Er behauptet, der »reine Zufall, nichts als der Zufall« sei die »Grundlage des wunderbaren Gebäudes der Evolution«, das habe die moderne Biologie erkannt, und allein das decke sich »mit den Beobachtungs- und Erfahrungstatsachen«.[1] Heißt das nicht ganz einfach, daß die moderne Biologie nicht weiß, wie die Evolution zu erklären ist? (Nebenbei gefragt: woher soll sie es auch wissen?) Aber wenn einer ihrer hervorragenden Vertreter dieses Nicht-Wissen mit einem Schwall von Worten verschleiert und dazu noch den Zufall bemüht, dann erhält er den Beifall der Fachwelt, nicht der ganzen, versteht sich, doch immerhin von einigen, die einen Namen haben.[2] Müßte nicht jeder Wissenschaftler wissen, daß Erklärungen von problematischen Sachverhalten immer nur vorläufig (= ›falsifizierbar‹) sind? Daß sich hinter dem ›Zufall‹ eine bislang noch unbekannte Größe verbergen kann? Es ist durchaus möglich, daß der fallende Dachziegel absichtlich von jemandem, den keiner gesehen hat, geworfen worden ist, und daß dieser ›Jemand‹ einen ›Zufall‹ vorgetäuscht hat, um die Polizei von seiner Spur abzulenken. Außerdem sollte jeder Wissenschaftler wissen, daß viele Menschen, Christen und Moslems zum Beispiel, ohne den Glauben an den Zufall auskommen. Offenbar ist er zum Verständnis des Weltgeschehens nicht unbedingt nötig.[3]

Wer immer vom Zufall redet, sollte das Wort selbst betrachten. Es ist eine Metapher, die in Analogie zum lateinischen ›accidens‹ gebildet ist.[4] Sie verbindet Heterogenes, nämlich das ›Zu‹ mit dem ›Fall‹; im ›Zu‹ gibt sich eine Intention kund – ich gehe auf jemanden ›zu‹, weil ich ihn sprechen will; ich mache die Tür ›zu‹, weil ich nicht gestört werden möchte usw. Der Fall dagegen ist nicht intentional; was fällt, muß fallen. Zwar kann sich ein Mensch absichtlich fallen lassen, aber dann muß er aufpassen, daß er so, wie geplant, fällt und zu liegen kommt. Der fallende Ziegel hat (vermutlich) nicht die Absicht, den Passanten zu treffen, da er aber direkt auf ihn zu fällt, sieht es so aus, als strebe er auf ihn zu, als wolle er ihn treffen. So entsteht das Gefühl, daß im Zufall eine boshafte Macht wirke – die aber bei anderer Gelegenheit als freundlich erscheinen kann: dann etwa, wenn der jeweilige Feind getroffen wird, oder auch der reiche Onkel, der dem lachenden Erben sein Vermögen hinterläßt. Glückliche – und weniger makabre – Zufälle sind vielleicht ebenso häufig wie unglückliche. Zufälle sind sie nur für den, der an ›den‹ Zufall glaubt.

Gegen diesen Glauben ist grundsätzlich nicht viel einzuwenden. Er kann sich sogar auf Erfahrungen berufen, doch sollte man nicht vergessen, daß Erfahrungen im Lichte eines bestimmten Glaubens gemacht und entsprechend interpretiert werden können; vor allem aber sollte man den Glauben nicht mit dem Wissen verwechseln. Außerdem muß, wer an den Zufall glaubt, zu einigen Konsequenzen bereit sein. Er glaubt an das Dasein und Wirken einer Macht, die letztlich unfaßbar bleibt, weil sie sowohl gut als böse, also jenseits von Gut und Böse ist, und das heißt nicht nur unberechenbar, sondern geradezu dämonisch ist. Wenn nun dieses dämonische Wesen nach Gutdünken waltet, dann ist manches möglich, was heute oft als unmöglich gilt – dann ist es auch möglich, daß der Fall eines Steines von einem Kobold verursacht wurde. Geht nun gar der Glaube an die dämonische Macht so weit, daß ihr die Lenkung der ganzen Welt zugeschrieben wird, dann wird alles, was die Wissenschaft als ›Gesetz‹ kennt, fragwürdig; jedes Gesetz kann jederzeit gebrochen werden, die Sonne kann eines Morgens ihren Aufgang nicht nur verzögern, sondern schlechtweg den Aufgang verweigern, um jedoch am nächsten Tag wieder brav ihre Pflicht zu tun.

Das Weltbild, das mit Hilfe des Zufalls entsteht, hat – und das ist kein Zufall – mythischen Charakter. Daran ändert sich auch nichts, wenn wir für unser ›Zufall‹ das französische ›hasard‹ einsetzen. Dieses Wort verrät seine Grundbedeutung nicht auf den ersten Blick; dem Wörterbuch entnehmen wir, daß es aus dem Arabischen kommt und mit ›Würfel‹ zu übersetzen ist. Daran denkt wohl heute kaum noch ein Franzose, auch Jacques Monod anscheinend nicht, aber daß ›jeu de hasard‹ ›Glücksspiel‹ ist, dürfte allgemein geläufig sein, und im Glücksspiel herrscht das Unberechenbare, eben der Zufall. Auch der Fall des Würfels ist unvorhersehbar; sein Fall ist seine ›chance‹[5]; wenn der Würfel so fällt, wie der Spieler es wünscht, dann könnte man annehmen, daß die ›Gewinnchance‹ von vornherein gegeben war. So erhält ›chance‹ den Sinn von ›Gelegenheit‹; im Deutschen muß man ›die Gelegenheit am Schopfe ergreifen‹. Im Englischen ist es die Zeit, die so ergriffen wird (›to take time by the forelock‹); hier ist die Zeit das Überraschende, das auf uns zu-kommt, und es ist ratsam, die ›Stunde zu nutzen‹.[6]

Daß es so etwas wie Zufall gibt, nehmen viele Menschen an, und es bedurfte nicht der modernen Biologie, um den ›hasard‹ auf den Thron zu setzen. Das tat schon Friedrich der Große, der sich mehr und mehr davon überzeugte, »daß seine heilige Majestät der Hasard drei Viertel aller Geschäfte in dieser miserablen Welt besorgt«.[7] Mit diesem Satz wird das mythische Weltbild andeutend entworfen; der Leser sieht, wenn er das Gelesene überdenkt, einen geheimnisvollen König vor sich, der irgendwo in den Wolken thront, ehrfurchtgebietend, obwohl keineswegs ein Menschenfreund – aber Könige brauchen nicht freundlich zu sein, Friedrich der Große war es auch nicht. Doch hätte er vielleicht mit Erstaunen vernommen, daß mehr als zweitausend Jahre vor ihm Heraklit schon Ähnliches gesagt hatte: »Die Weltzeit ist ein Kind beim Spiel, beim Brettspiel; ein Kind sitzt auf dem Thron.«[8] Das Kind spielt vermutlich ein Glücksspiel – ein ›jeu de hasard‹.[9]

Aber Heraklit wußte etwas, daß alle die, die den ›hasard‹ oder den Zufall inthronisieren, nicht beachten: daß der Herrscher auf dem Thron sitzen muß, daß er nicht über »die absolute, blinde Freiheit« verfügt, um planlos in der Gegend herumzutollen.[10] Der Herrscher kann zwar spielen, er kann seine Untertanen zur Verzweiflung, zur Raserei bringen, aber solange er herrscht, bewahrt er irgendwie Ruhe; er steht über dem Spiel. Deswegen eignen sich weder der Zufall noch der ›hasard‹ zu den ihnen zugedachten Funktionen; sie sind im Spiel drin und können ihm nicht von oben herab zuschauen. Im Zufall fällt etwas, das fallen muß, und der Würfel fällt, weil er geworfen wird.

Die Griechen und Römer, die an den Zufall glaubten, waren darum gut beraten, an eine Göttin als Verursacherin des Fallens zu glauben; die Griechen nannten sie ›Tyche‹, die Römer ›Fortuna‹.[11] Bekanntlich überlebte die Göttin Fortuna das Ende der antiken Welt und spielte im Mittelalter eine große Rolle, die manchmal an Heraklits Kind erinnert. So heißt es im *Rosenroman:*

> Si destruit ele maint preudome,
> Qu el ne prise pas une pome
> Tricherie ne leiauté,
> Ne vil estat ne reiauté,
> Anceis s'en jeue a la pelote,
> Come pucele nice et sote,
> E giete a grant desordenance
> Richece, eneur e reverence.[12]

Zu deutsch:

> So richtet sie manchen braven Mann zugrunde,
> Denn sie schert sich keinen Pfifferling
> Um Verrat oder Treue,
> Gemeinen Stand oder königliche Größe,
> Sondern sie spielt mit dem Ball
> Wie ein törichtes kleines Mädchen,
> Und sie wirft ganz unordentlich durcheinander
> Reichtum, Ehre und Ansehen. (Übers. v. Verf.)

Das Mädchen mit dem Ball gleicht dem Kind beim Brettspiel; man kann jedoch mit größter Sicherheit annehmen, daß Jean de Meun, der Autor dieser Verse, Heraklit nicht gekannt hat.[13]

Daß die Fortuna die Welt beherrscht, galt vielfach als ausgemacht. Chaucers Hahn Chaunticleer, ein bemerkenswerter, mit Sprache, Sangeskunst und Verstand begabter Vogel, der seiner Frau und Herzensdame Pertelote von einem Reisenden erzählt, der ein gutes Quartier fand, sagt ganz beiläufig, daß er dies der Fortuna verdankte, »die so im Großen und Ganzen über uns alle regiert«:

> That us governeth alle as in commune.[14]

Aber nicht alle nehmen dieses Regiment gelassen hin; manche, sogar sehr viele, beschweren sich und klagen so wie Chaucer selbst in seiner mit »Fortune« überschriebenen Ballade:

> This wrecched worldes transmutacioun,
> As wele or wo, now povre and now honour,
> Withouten ordre or wys discrecioun
> Governed is by Fortunes errour.[15]

Dieses mittelalterliche Englisch läßt sich kaum in unser heutiges Deutsch übertragen. Ich versuche es mit einer Paraphrase: »Die Veränderungen dieser elenden Welt – mal geht es den Menschen gut, mal geht es ihnen schlecht, mal ist man arm, und dann wieder genießt man Ansehen – all dieses Durcheinander wird von der Fortuna bewirkt; sie lenkt die Welt und versteht nichts vom Lenken.« Friedrich der Große müßte lebhaft zugestimmt haben, und mancher Wissenschaftler unserer Tage würde, wenn er diese Zeilen läse, zugeben, daß man im Mittelalter schon einiges von dem wußte, was die moderne Biologie als ihre Erkenntnis beansprucht.

Wie aber kommt Fortuna, die heidnische Göttin, ins christliche Mittelalter? Wer sich zum Christentum bekennt, weiß, daß der eine Gott, der die Welt geschaffen hat und erhält, keine Götter neben sich duldet. Für den Christen gehört Fortuna zu den ›Verirrungen des Intellekts‹; im christlichen Kosmos hat die Fortuna keinen Platz. Aber sie hat ihren Platz eingenommen und lange bewahrt. Noch Hamlet überlegt, wie man sich ihren »Schleudern und Pfeilen« entziehen kann.[16]

Wenn nun die Fortuna im Mittelalter als wirksam gesehen wurde, dann war das Mittelalter nicht so christlich, wie man oft annimmt oder sogar als selbstverständlich voraussetzt. Oft wird behauptet, es habe über ein klares, auf den Gedanken der ›Ordnung‹ (des ›ordo‹) gegründetes Weltbild verfügt, und dann wird weiter behauptet, dieses Weltbild sei allmählich ›ins Wanken geraten‹ und schließlich durch ein anderes Weltbild, das der Renaissance oder das der Neuzeit ersetzt worden. Aber so einfach ist das nicht. Das Mittelalter ist keine in sich geschlossene, einheitliche Epoche, sondern eine Fiktion, die sich wie alle Fiktionen, bei näherer Betrachtung in Rauch auflöst. Wo sind die zeitlichen Grenzen dieses Gebildes, das als ›Epoche‹ bezeichnet wird? An welchen Symptomen erkennt man, daß diese ›Epoche‹ beginnt und endet? Das Wort ›Mittelalter‹ ist nicht viel mehr als ein *flatus vocis*, der freilich, dies sei konzediert, der vorläufigen Verständigung dient. Wenn mir der Experte sagt, der *Rosenroman* sei ein Werk der mittelalterlichen Literatur, dann weiß ich, daß er nicht im 17. oder 18. Jahrhundert geschrieben worden ist. Aber das ist nicht sehr viel. Die oft gehörte bange Frage, ob ein Autor ›noch‹ mittelalterlich sei oder ›schon‹ der Renaissance zugerechnet werden müsse, ließe sich nur beantworten, wenn das Mittelalter definierbar wäre. Um es zu definieren, müßte man seine Grenzen kennen, nicht nur die zeitlichen.

Auch das Christentum ist keine Einheit oder höchstens eine sehr vage, die kaum auf einen gemeinsamen Nenner zu bringen ist. Theologen haben Bücher über das ›Wesen‹ des Christentums geschrieben, aber das ›Wesen‹ wandelt sich je nach dem Standpunkt des Betrachters. Katholiken und Protestanten stimmen heute – angeblich – im ›Wesentlichen‹ überein. Früher waren sie verfeindet und haben einander bekriegt, in Nord-Irland morden sie sich noch heute gegenseitig. Manche Christen verweigern den Wehrdienst aus Glaubensgründen, andere nehmen getrost die Waffe in die Hand und sind bereit, für den Frieden zu kämpfen; wieder andere rufen ›Frieden schaffen ohne Waffen‹ und kämpfen dabei auf ihre Weise für den Frieden – womit sie unabsichtlich klarmachen, daß der Friede erkämpft werden muß. Und wer kämpft ohne Waffen, wer kämpft gewaltlos? Nicht alle Christen sind friedfertig; man kann darüber streiten, ob sie alle und zu jeder Zeit friedfertig sein müssen; die Kirche selbst ist als Kämpferin aufgetreten und nannte sich ›ecclesia militans‹. Rechtgläubige haben Ketzer verfolgt, verbrannt und ausgerottet, aber die Ketzer glaubten ihrerseits, den rechten Glauben zu haben. Wer also entscheidet verbindlich darüber, was der rechte Glaube ist?

Daß die Fortuna sich nicht mit dem rechten Christenglauben verträgt, scheint evident; die anerkannten Lehrer der Kirche haben die Fortuna entweder verworfen oder sich nicht um sie gekümmert. Sie erscheint in den Schriften der vorwiegend profanen Dichter und Literaten (die geistlichen Standes sein und mit didaktischem Anspruch auftreten können) und in der bildenden Kunst, ist also gegenwärtig und ›da‹. Auch die Dichter, Literaten und Künstler waren Christen, verstanden sich jedenfalls als solche; in welcher Weise sie an das Dasein der Fortuna glaubten, ist nicht leicht auszumachen; jedenfalls sprachen sie von ihr und mit ihr[17], beschrieben ihr Wirken und stellten sie dar, ohne offenbar in ihrer Überzeugung, gute Christen zu sein, irre zu werden. Sogar Dante, der als streng rechtgläubig galt, erkannte das Walten der Fortuna; er vereinte das Unvereinbare, indem er durch seinen Führer Vergil erklären ließ, daß sie vom höchsten Gott selbst eingesetzt worden sei.[18]

Wie aber läßt sich das Unvereinbare vereinbaren? Und warum macht man den Versuch zur Vereinbarung? Der Gott der Bibel ist allmächtig, weise, gütig, gerecht; er ist vollkommen. Das weiß (oder wußte) jeder Christ, aber jeder Christ weiß auch, daß diese Welt nicht vollkommen ist, daß sie nicht so ist wie sie sein müßte, nämlich nicht in Ordnung, sondern, teilweise mindestens, in Unordnung. Das kann der Christ hinnehmen, er kann sich demütig fügen und dabei hoffen, daß ihm einmal das ›Warum?‹ klar wird. Aber schon in der Hoffnung steckt die Möglichkeit der Frage, die Frage kann sich artikulieren, und die artikulierte Frage stellt potentiell die Vollkommenheit Gottes in Frage:

Warum schleppt sich blutend, elend
Unter Kreuzlast der Gerechte,
Während glücklich als ein Sieger
Trabt auf hohem Roß der Schlechte?

Woran liegt die Schuld? Ist etwa
Unser Herr nicht ganz allmächtig?
Oder treibt er selbst den Unfug?
Ach, das wäre niederträchtig.[19]

Mit diesen Versen bringt Heine das Problem auf eine knappe Formel; der Christ freilich muß sich die hier ausgesprochenen Fragen verbieten und sie, wenn sie sich nicht unterdrükken lassen, in eine andere Richtung lenken. ›Woran liegt die

Schuld?‹ Fortuna bietet sich dazu an, die Schuld zu übernehmen. Alles, was in dieser Welt nicht so ist, wie es sein sollte, geht auf ihr Konto.

Allerdings gibt es für den Christen noch andere Möglichkeiten, die Mängel der Welt zu erklären, vor allem die menschliche Sündhaftigkeit und das Wirken des Teufels. Sowohl die Sünde als auch der Teufel werden durch die Autorität der Bibel verbürgt, aber die Bibel verweigert die Antwort auf Fragen, die damit unabweisbar auftauchen. Warum duldet Gott die Sünde? Und warum erlaubt er dem Teufel, seine, Gottes, Schöpfung in Verwirrung zu bringen? Theologen und Philosophen haben sich um Lösung dieser Fragen bemüht – aber warum sich bemühen, wenn die Fortuna zur Hand ist? Ihr Dasein verbürgt die Autoriät der ›Alten‹, und deren Autorität wurde sogar von Kirchenlehrern anerkannt – warum soll man sich nicht bei ihnen Rat holen? Derartige Gedankengänge mögen dazu geführt haben, daß die Fortuna ihren Platz erhielt und lange behielt, mindestens bis zum 17. Jahrhundert, also weit über das (angebliche) Ende des Mittelalters hinaus.

Der Fortuna gegenüber fühlte man sich zum Fragen und zum Klagen berechtigt; sie fungierte als Entlasterin. Sie entlastete Gott von der Verantwortung, den Menschen von der Sünde der Auflehnung; sie befreite vom Kummer, denn sie ließ den Bekümmerten reden, ohne sich über seine Klagen zu erregen. So wurde sie zu einer Mittlerin zwischen Gott und Menschen, eine Dienerin des Allerhöchsten, der sie mit Bedacht eingesetzt hatte.

Das erfährt Dante auf seinem Weg durch die Hölle. Er fragt Vergil, wer Fortuna sei und erhält zunächst die Antwort, daß so zu fragen von Unwissenheit zeuge, dann aber sehr ausführliche Auskunft:

Der, dessen Wissen alles überschreitet,
 Er schuf die Himmel und gab ihnen Führer,
 So daß sie alle zueinander strahlen
Und gleichermaßen all ihr Licht verbreiten.
 So gab er auch der Erde Kostbarkeiten
 Ein Wesen, das sie ordne und sie führe
Und das beizeiten alle eitlen Güter
 Von Volk zu Volk, von Haus zu Hause wandle,
 Ganz unbekümmert um den Sinn der Menschen.
Denn eins der Völker herrscht, das andre duldet;
 Sie folgen all dem Richterspruche jener,
 Der sich verbirgt wie in dem Gras die Schlange.
Und eure Weisheit kann sie gar nicht stören.
 Sie sorgt und richtet in dem eignen Reiche,
 Wie andre Engel in dem ihren herrschen.
Und ihre Wandlungen sind ohne Ruhe.
 Notwendigkeit treibt sie zu steter Eile.
 So oft geschieht es, daß ein Wechsel folget.
Das ist sie, die so oft ans Kreuz geschlagen
 Von jenen grade, die sie loben sollten,
 Und sie zu Unrecht tadeln und beschimpfen.
Doch sie lebt glücklich und kann dies nicht hören.
 Mit allen andern Erstgeschaffnen fröhlich
 Dreht sie das Rad, der Seligkeit sich freuend.

Zur Kontrolle gebe ich noch den italienischen Text, dem ich einige Erläuterungen folgen lasse:

Colui lo cui saper tutto trascende,
 Fece li cieli e diè lor chi conduce
 Sì, che ogni parte ad ogni parte splende,
Distribuendo egualmente la luce:
 Similemente agli splendor mondani
 Ordinò general ministra e duce

Che permutasse a tempo li ben vani
  Di gente in gente e d'uno in altro sangue,
  Oltre la difension dei senni umani;
Perchè una gente impera ed altra langue,
  Seguendo lo giudizio di costei,
  Che è occulto come in erba l'angue.
Vostro saper non ha contrasto a lei:
  Ella provvede, giudica, e peresegue
  Suo regno come il loro gli altri dei.
Le sue permutazion non hanno triegue:
  Necessità la fa esser veloce;
  Sì spesso vien chi vicenda consegue.
Quest'è colei che tanto è posta in croce
  Pur da color che le dovrian dar lode,
  Dandole biasmo a torto e mala voce;
Ma ella s'è beata e ciò non ode;
  Con l'altre prime creature lieta
  Volve sua spera e beata si gode.[20]

Gott, der nicht ausdrücklich genannt, sondern nur durch sein Tun umschrieben wird, hat *jedem* Himmel einen Leiter beigegeben; die Fortuna hat er als »allgemeine Verwalterin und Leiterin« (»general ministra e duce«) des Irdischen eingesetzt. Ihre Aufgabe ist es, die irdischen Güter, die nichts wert sind (»vani«), unaufhörlich zu verändern; die Menschen, die nicht wissen, wie sie dabei vorgeht, beschimpfen sie, schlagen sie sogar – bildlich – ans Kreuz, machen sie also zu einem Sündenbock, der Christus gleicht. Aber sie kümmert sich nicht darum (im Gegensatz zu Christus); sie ist eine von den »Göttern« (»Dei«), eine von den Erstgeschaffenen (das heißt den Engeln = »prime creature«), selig ihrer selbst gewiß. Eigentlich müßten die Menschen sie preisen, aber sie, die Törichten, erkennen nicht den Sinn der göttlichen Ordnung – und sie können ihn auch nicht erkennen, weil die Weisheit Gottes alles übersteigt.

So vereint Dante das Unvereinbare – oder vielmehr, er versucht es, und der Versuch scheitert, der Schein der Harmonie trügt. Dieser Gott setzt Statthalter ein, denen er die, wie man sagen könnte, praktische, alltägliche Regierungsarbeit überläßt, er selbst zieht sich zurück. Die Statthalter sind Götter; der Gott der Bibel aber duldet keine Götter neben sich. Er denkt nicht daran (wenn diese banale Formulierung erlaubt ist), die Erde, sein auserwähltes Volk, einem Neben-Gott zu überlassen; er schickt zwar seine Boten – die Engel – aus, aber er ist allgegenwärtig. Der Gott, dessen Wesen Dantes Vergil in vorsichtigen Strichen zeichnet, antizipiert das ›höchste Wesen‹ der Aufklärer, einen Gott, der die Welt so vortrefflich hergestellt hat, daß sie von allein läuft wie eine kunstreiche Maschine – und dieser Gott der Aufklärer, der selbst aufgeklärt und geradezu human ist, erinnert an den ›deus otiosus‹, den ›müßigen Gott‹, den der schottische Religionswissenschaftler Andrew Lang bei manchen ›Primitiven‹ vorgefunden hat.[21]

Sie glauben an einen höchsten Gott, der die Erde und alles, was es auf ihr gibt, gemacht hat. Er hat auch einige Moralgebote erlassen, wacht aber nicht über ihre Einhaltung; überhaupt kümmert er sich um nichts mehr. Er hat sich zurückgezogen; es ist möglich, daß er schläft. Man wendet sich nicht an ihn, sondern an kleinere Götter, an Geister oder auch an Magier; mit denen kann man sprechen.

Mit dem Gott, der die Fortuna walten läßt, kann man wahrscheinlich nicht sprechen; es wäre allerdings sehr dreist, ihn deswegen ›müßig‹ zu nennen. Aber was tut er? Auch mit seiner Statthalterin kann man nicht sprechen; aber man kann immerhin seinem Ärger Luft machen, sie nimmt es nicht übel und hört kaum hin. Ihr gilt alles gleich viel, zur Vollkommenheit fehlt ihr nichts; sie dreht ihr Rad und freut sich, denn sie, die Herrin des Wandels, ruht selig in sich selbst.

Faktisch, wenn auch nicht mit Absicht, drängt diese Fortuna ihren Herrn in den Hintergrund. Sie hat nicht viel gemeinsam mit dem törichten kleinen Mädchen, das spielend alles durcheinander wirft. Auch sie verursacht Wandel, aber nach einem wohldurchdachten Plan und zum Besten der Menschen, die von ihr lernen könnten, daß die Güter dieser Welt nichts taugen. Dabei handelt sie jedoch nicht in eigener Verantwortung, nicht nach eigenem Ermessen, sondern in vollem Einklang mit dem, der hinter ihr steht. Daran zu zweifeln, wäre Lästerung; wenn dem aber so ist, dann verblaßt ihre göttliche Würde, und ihre Selbständigkeit erweist sich als scheinbar. In Wahrheit ist sie nichts als ein gut funktionierendes Werkzeug – oder eine Maske Gottes, der damit zum *deus absconditus* wird. Aber der Gott der Bibel offenbart sich; er verbirgt sich nicht hinter einer Gestalt, die das Aussehen einer selbständigen Göttin hat.

Das Unvereinbare läßt sich nicht vereinbaren. Wenn Gott der Allmächtige ist, dann ist er der Einzige; wenn seine Weisheit alles übersteigt, dann erübrigt sich eine Göttin, deren wohldurchdachte Pläne unbegreiflich sind. Es erübrigt sich aber auch die Göttin, die den Menschen demonstriert, daß die Güter der Welt nichts taugen – denn eben darüber beklagen sie sich, eben deswegen fragen sie, warum die Welt so ist, daß ihre Güter nichts taugen, daß sie vergänglich sind. Warum sorgt Gottes Statthalterin nicht dafür, daß irdisches Glück dauert?

> Also fragen wir beständig,
> Bis man uns mit einer Handvoll
> Erde endlich stopft die Mäuler –
> Aber ist das eine Antwort?[22]

Aber auch das Bedürfnis nach Fortuna bestand einige Jahrhunderte lang. Man brauchte die Entlasterin und Vermittlerin, denn die Allmacht des Höchsten war – und ist – unbegreiflich; darum löste man aus ihr Aspekte, die zu faßbaren Personen wurden. Neben die Göttin Fortuna trat die Göttin Natura, deren Dasein so wie das der Fortuna durch die Autorität der ›Alten‹ verbürgt wurde.[23] Auch sie ist eine Dienerin Gottes, der auch ihr einen bestimmten Aufgabenbereich zuweist.

Davon handelt Jean de Meun im zweiten Teil des *Rosenromans*, der freilich nicht das gleiche Ansehen genießt wie die *Divina Commedia*, jedenfalls heute nicht. Chaucer hat ihn sehr genau gekannt und wahrscheinlich geschätzt; Ernst Robert Curtius dagegen urteilt abfällig, die Göttin Natura sei hier »zur Handlangerin geiler Promiskuität geworden«, der Eros sei »dem Sexus gewichen«, und die stürmische Kritik an der christlichen Moral sei »auf die Stufe einer sexuellen Aufklärung hinabgesunken, die aus gelehrtem Flitter und spießbürgerlicher Lüsternheit eine gepfefferte Hausmannskost braut«. Die Lektüre der einschlägigen Textstelle müßte, wie mir scheint, zu einem ganz anderen Urteil führen.[24]

Die Natur nennt sich selbst ein »ganz armes Mädchen« (»trés povre dameisele«), das Gott, der »große Herr« (»granz sires«), in sein Haus aufgenommen und zu seiner »Kämmerin« (»chambriere«), »Stallmeisterin« (»conestable«) und sogar »Stellvertreterin« (»vicaire«) gemacht habe. Dankbar für diese Ehre tut sie alles, was der Herr ihr aufträgt; unter anderem sorgt sie dafür, daß die Menschen sich vermehren. Deswegen steht sie auf seiten der Liebe, nicht der vergeistigten (der ›platonischen‹, wie man später sagte), denn die ist fruchtlos, und deswegen kämpft sie gegen die Keuschheit. Wenn alle Menschen keusch blieben, dann würde die Erde bald leer und fiele dem Tod zur Beute; der Tod aber ist der Feind des Lebens und somit der Feind Gottes. Gott hat das Leben geschaffen und will, daß es stark und mächtig sei.[25]

Diese Philosophie des Lebens (die außerordentlich aktuell

ist) hat grundsätzlich nichts mit »geiler Promiskuität« zu tun. Sie wirkt auf manche ›unmittelalterlich‹, steht aber nicht, obwohl die Keuschheit abgelehnt wird, im Widerspruch zum Christentum, und sie ist in sich konsequent: daß die Natur das Leben will, läßt sich nicht bestreiten. Es ist auch konsequent gedacht, daß sie im Auftrag Gottes handelt: Er hat ihr die »goldende Kette« (»la bele chaeine doree«) anvertraut, in der die vier Elemente, und mit ihnen alle Dinge, zur Ordnung zusammengefügt sind. Nur ein Geschöpf bricht die Ordnung und lehnt sich gegen sie auf – der Mensch, über den sich die Natur beklagt; sie selbst ist sogar vom Verdacht der Insubordination frei. »My lord and I been ful of oon accord« (»Mein Herr und ich stimmen gänzlich miteinander überein«), sagt die Göttin Natura in Chaucers *Canterbury Tales*[26]; damit faßt sie in einem Satz zusammen, was die Göttin im *Rosenroman* meint.

Zur Übereinstimmung jedoch, zum »accord«, gehören zwei. Die Natur übernimmt, aus Dankbarkeit, also freiwillig und nicht gezwungen, Verantwortung; damit konstituiert sich der Bereich, den auch wir noch ›Natur‹ nennen, als ein relativ selbständiger Teil des gesamten Seins. Auch der Gott des *Rosenromans* ist müßig, ein großer, ein sehr großer Herr, der nicht unmittelbar wirkt, nicht in jeder Kleinigkeit gegenwärtig ist. Aber seine Allmacht garantiert, daß die von ihm gesetzte, von der Göttin Natura gehütete Ordnung unerschütterlich besteht.

Nur der Mensch rüttelt an der gesetzten Ordnung, er verhält sich ungesetzlich, unnatürlich. Die Natur beklagt sich darüber, ohne mit ihrer Klage den Menschen zu ändern. Vergeblich hat sie ihm seinen Ort zugewiesen, er will nicht dort bleiben, wo er hingehört, will sich nicht fügen, sondern herrschen, strebt nach oben, immer höher und höher, bis er eines Tages stürzt, denn was steigt, muß fallen, und auch das ist ein Gesetz:

Queres subir ao alto,
Ao mais alto queres subir,
Mas quem ao mais alto sobe,
Ao mais baixo deve cair.[27]

Das sagt ein portugiesisches Sprichwort, dessen Gültigkeit die Erfahrung bestätigt – aber wer wird schon durch Erfahrung klug? Meistens ist man erst dann klug, wenn man die Erfahrung, die andere gemacht haben, selber gemacht hat, und nicht selten tritt jemand vor den Gefallenen und versichert ihm: ›Das habe ich dir gleich gesagt.‹

Das Gesetz, daß, was steigt, fallen muß, wird von der Fortuna verbürgt. Sie wacht über dem Menschen, der aus der natürlichen Ordnung ausbricht, und so sorgt sie auf ihre Weise dafür, daß die Ordnung des Ganzen nicht zerstört wird. Damit konstituiert sich ein zweiter relativ selbständiger Bereich, den wir die ›Geschichte‹ nennen. Fortuna, die Göttin der Geschichte, und Natura, die Göttin der Natur, bilden zusammen mit dem Höchsten eine Trinität, von der die Theologie nichts weiß, die aber heute noch wirksam ist. Auch ein gläubiger Christ sieht nicht in jedem geschichtlichen Ereignis ›den Finger Gottes‹ und spürt nicht in jedem Windeshauch den Heiligen Geist.

Bricht diese Trinität auseinander, dann wird die Fortuna selbständig, nimmt den harmlos klingenden Namen ›Zufall‹ und setzt sich keck auf den Thron der Welt. Es gibt, wie wir sahen, Wissenschaftler, die derartiges glauben und, da sie Wissenschaftler sind, für erwiesen halten. Aber wie wollen sie überhaupt noch etwas feststellen, wenn alles vom Zufall abhängt? Eher schon läßt sich feststellen, daß die Fortuna über die Geschichte herrscht, denn immer wieder geschieht Unerwartetes, Unberechenbares, aber, da es immer wieder geschieht, kann – und sollte – man sich darauf gefaßt machen. Man kann wissen, daß die Fortuna beständig in ihrer

Unbeständigkeit, zuverlässig in ihrer Unzuverlässigkeit ist, und das hat den Vorteil, daß man sich an etwas halten kann. Es ist ja auch nützlich zu wissen, daß ein Mensch unzuverlässig ist, ihm wird eben kein Vertrauen geschenkt. Wer die Unzuverlässigkeit der Fortuna erkannt hat, der sieht sich besonders vor, wenn sie ihm zulächelt; wer sich von ihrem Lächeln verleiten läßt und auf ihr Rad steigt, der muß sich eigentlich selber für seinen plötzlichen Sturz tadeln, nicht aber die Göttin.

Rad und Kugel sind ihre Embleme, welche die Beständigkeit des Unbeständigen dem, der Augen hat zu sehen, kundtun. Im Grunde geschieht in dieser Welt immer das gleiche, die Geschichte ist Wiederkehr, keine ewige Wiederkehr freilich, denn die Geschichte hat Anfang und Ende, aber sie läuft nicht in eine bestimmte Richtung. Die Konzeption, welche die Fortuna zur Herrin der Geschichte macht, ist nicht die traditionell christliche, derzufolge alles irdische Geschehen Heilsgeschehen ist, sondern die antike, die als ›kyklisch‹ bezeichnet wird; die antike Göttin bringt erneut die antike Denkform zur Geltung.[28] Das bedeutet auch, daß die Welt selbst heil-los ist, und daß es vernünftig ist, sie zu verachten. Der Weise, der die Gaben der Fortuna verschmäht, übt den *contemptus mundi*, der zwar von vielen Christen gepredigt und empfohlen wurde, aber an der Tatsache vorbeigeht, daß der höchste Gott das von ihm Geschaffene für gut befand.

Mit der antiken Göttin und der antiken Denkform erwacht auch die Tragödie wieder. Im Rahmen der christlichen Heilsgeschichte gibt es keinen tragischen ›Fall‹; zwar haben Corneille und andere christliche Tragödien verfaßt, Märtyrer-Tragödien, aber der Märtyrer, der den bösen Mächten dieser Welt erliegt, triumphiert am Ende, das Heil ist ihm gewiß; der Tod ist verschlungen in den Sieg.

Chaucers Mönch aber – eine prominente Gestalt in den *Canterbury Tales* – versteht den tragischen ›Fall‹ als endgültig:

Tragedie is to seyn a certeyn storie,
As olde bookes maken us memorie,
Of hym that stood in greet prosperitee,
And is yfallen out of heigh degree
Into myserie and endeth wrecchedly.

Tragödien sind eine Art Geschichten,
So wie die alten Bücher uns berichten,
Von einem, der erhöht zu großem Glück,
Nachmals ist abgestürzt ins Mißgeschick
Und durch schmachvollen Tod es mußte büßen.[29]

Von »schmachvollem Tod« und »büßen« steht im Original nichts; dort heißt es, daß der »Gefallene« im »Elend« und »jämmerlich« endet. Für den Mönch ist diese Art von ›Fall‹, der Sturz aus dem Glück ins Unglück, das Wesentliche, und für diesen ›Fall‹ ist prinzipiell die Fortuna verantwortlich.[30]

Prinzipiell, aber nicht immer. Die beiden ersten ›Fälle‹, der Luzifers und der Adams, werden nicht von ihr verursacht. Luzifer war ein Engel, und über den Engel hat Fortuna keine Macht.[31] Adam befand sich, als er sündigte, im Paradies, wo die Fortuna (wie nicht ausdrücklich gesagt zu werden braucht) nichts zu suchen hat. Nach diesen beiden ›Ur-Fällen‹ betritt der Erzähler den Boden der Geschichte (die, wie sich versteht, für den modernen Historiker nicht immer ›geschichtlich‹ ist). Manche von den Helden begehen Fehler, die vermieden werden könnten, andere stürzen, weil sie zu hoch hinaus wollten, also stolz und übermütig wurden. Sie straft die Fortuna, die damit ihre Berechtigung erweist[32]; andere aber, so Alexander der Große und Julius Cäsar, kommen elendiglich um, obwohl sie, nach Ansicht des Mönchs wenigstens, nichts verbrochen haben. Andere würden wahrscheinlich anders urteilen; der Mönch aber beklagt den Fall dieser beiden Mächtigen und deutet damit an, daß die göttliche Weltordnung vielleicht doch nicht ganz ›in Ordnung‹ ist, hütet sich freilich, etwas Derartiges auszusprechen.[33] Wollte man die Lektion, die er seinen Hörern erteilt, in einem Satz zusammenfassen, so müßte man sagen, daß hochgestellte Menschen immer gefährlich leben, und dieser Satz ließe sich auf die banale Feststellung reduzieren, daß das Leben überhaupt gefährlich ist und das Glück meist von kurzer Dauer.

Aber das ist den Pilgern (und wohl nicht nur ihnen) bekannt; die vielen ›Fälle‹ wirken langweilig. Der Ritter, sonst ein Muster an Höflichkeit, unterbricht den Mönch und bittet ihn, das Thema zu wechseln. Er würde lieber von jemandem hören, der es zu Wohlstand und Ansehen brachte und glücklich blieb – so etwas sei doch viel amüsanter; Geschichten, die in eine traurige Stimmung versetzen, seien überall unbeliebt. Der Mönch erklärt ärgerlich, daß er nichts mehr zu sagen habe, ein anderer möge das Wort ergreifen. Er gleicht einem Prediger in der Wüste; er hat umsonst Proben seiner Weisheit gegeben, niemand hat von ihm gelernt, und gerade der Ritter, der in dieser Gesellschaft den höchsten Rang einnimmt, also sich als erster betroffen fühlen sollte, erweist sich als vollkommen verständnislos.[34]

Chaucer selbst betrachtet sowohl den Mönch als auch den Ritter mit ironischer Distanz; anscheinend hat er die »tragedies«, von denen der Mönch an die hundert ›vorrätig‹ hatte[35], nicht ganz ernst genommen. Ein anderer Mönch jedoch, John Lydgate (ca. 1370–1450), der Chaucer als seinen Meister verehrte, ließ sich nicht davon abhalten, seinerseits eine Reihe von erzählten ›tragedies‹ zu produzieren, und zwar so viele, daß sie in der modernen Ausgabe der ›Early English Text Society‹ vier Bände füllen. Das Werk, eine riesige Fleißarbeit, hat den Titel *The Fall of Princes;* Lydgate singt prinzipiell das gleiche Lied wie Chaucers Mönch, und der nicht speziell interessierte Leser dürfte darauf ähnlich reagieren wie Chaucers Ritter. Das prinzipiell gleiche Lied erklingt noch einmal im *Mirror for Magistrates*, der zuerst 1559 und dann in zweiter, erweiterter Auflage 1563 herauskam. Der *Mirror* jedoch, der mehrere Verfasser hat, konzentriert sich auf die (damals) jüngstvergangene englische Geschichte und läßt die einzelnen Großen Herren in der Form des ›Dramatic Monologue‹ von ihren ›Fällen‹ erzählen. Somit bringt er zwei Neuerungen, die das Historiendrama ankündigen, jene spezifisch englische Gattung, die, im Gegensatz zur Tragödie und Komödie, kein antikes Vorbild hat. Shakespeare ist der Autor von zehn Dramen, die in der Folio-Ausgabe von 1623 als »Histories« zusammengefaßt sind; zwei davon, *King Richard II* und *King Richard III*, können auch als »Tragedies« verstanden werden, denn ihr Thema ist der Sturz eines Mächtigen aus dem Glück ins Unglück.[36]

König Richard II. selbst erinnert sich an ›Fälle‹, die seinem eigenen gleichen:

> For God's sake, let us sit upon the ground
> And tell sad stories of the death of kings:
> How some have been depos'd, some slain in war,
> Some haunted by the ghosts they have depos'd,
> Some poison'd by their wives, some sleeping kill'd;
> All murder'd: for within the hollow crown
> That rounds the mortal temples of a king
> Keeps Death his court, and there the antick sits,
> Scoffing his state and grinning at his pomp;
> Allowing him a breath, a little scene,
> To monarchize, be fear'd, and kill with looks,
> Infusing him with self and vain conceit
> As if this flesh which walls about our life
> Were brass impregnable; and humour'd thus
> Comes at the last, and with a little pin
> Bores through his castle wall, and farewell king!

Ums Himmels Willen, laßt uns niedersitzen
Zu Trauermären von der Kön'ge Tod:
Wie die entsetzt sind, die im Krieg erschlagen,
Die von entthronten Geistern heimgesucht,
Im Schlaf erwürgt, von ihren Fraun vergiftet:
Ermordet alle! Denn im hohlen Zirkel,
Der eines Königs sterblich Haupt umgibt,
Hält seinen Hof der Tod: da sitzt der Schalksnarr,
Höhnt seinen Staat und grinst zu seinem Pomp,
Läßt ihn ein Weilchen, einen kleinen Auftritt,
Den Herrscher spielen, drohn, mit Blicken töten,
Flößt einen eitlen Selbstbetrug ihm ein,
Als wär dies Fleisch, das unser Leben einschanzt,
Unüberwindlich Erz! Und, so gelaunt,
Kommt ER zuletzt und bohrt mit kleiner Nadel
Die Burgmaur an und – König, gute Nacht![37]

Hier singt auch Shakespeare das alte Lied, aber mit Tönen, die vor ihm keiner gefunden hatte. In *Richard II* schwelgt er in seiner Sprachkraft und verleiht sie dem König, der seine Krone verliert und, verliebt in seinen Kummer, sich in Worten ein poetisches Reich erbaut. In ihm tritt der »närrische« (»antic«) Tod an die Stelle der Fortuna, und der König wird zum Schauspieler, der solange seine Rolle spielt, bis der Tod ihn fällt – schattenhafte Macht, schattenhaftes Dasein! Daß die Welt nichts anderes ist als eine Bühne, das ist einer von den Gedanken, die Shakespeare, den Dramatiker, Schauspieler und Theaterunternehmer faszinierten; indem er ihn dem Bühnenkönig gibt, spricht er selbst zu seinem Publikum, und die Dichtung wird zur Philosophie.[38]

Die Fortuna verschwindet nicht ganz aus dem Drama Shakespeares, aber sie büßt ihre Funktion als Dienerin Gottes, als Herrin der Geschichte ein, und der höchste Gott ist so fern, daß man ihn kaum noch wahrnimmt. In der griechischen Tragödie dagegen sind die Götter da, manchmal erscheinen sie sichtbar auf der Bühne, sie handeln, reden, tun ihren Willen kund. Sie sind nicht immer freundlich zu den Menschen, die sich fügen müssen, aber auch die Freiheit haben (oder sich die Freiheit nehmen), die Götter anzuklagen, zu kritisieren, an ihrer Gerechtigkeit zu zweifeln, sogar ihre Macht in Frage zu stellen. Beim Anblick der Hekabe, die noch vor kurzem an der Seite des Priamos über die Phryger herrschte und nun jämmerlich als Sklavin auf der Erde liegt, überlegt der Herold Talthybios, ob wirklich Zeus die Geschicke der Menschen lenke – oder die Tyche. Er verharrt jedoch in der Skepsis und trifft keine Entscheidung.[39] Darin gleicht er dem Dichter, der durch ihn spricht: Euripides, den man oft als den ›modernsten‹ der drei großen Tragiker bezeichnet; das Rätsel wird gesehen und die Lösung bleibt aus. Für manchen der Späteren könnte die Hekabe, die aus dem Glück ins Unglück stürzte, die Macht der Fortuna eindeutig demonstrieren.

Die Frage, ob es die Fortuna, die Tyche, den Zufall oder so etwas wie den Zufall gibt, ob derartige Mächte in der Welt wirken – diese Frage bewegt nicht jeden Menschen. In der *Ilias* Homers taucht sie gar nicht auf; sie ist überflüssig, weil viele Götter da sind. Zwar ist Zeus, der Vater der Götter und Menschen, der oberste und stärkste Gott, der seinen Willen durchzusetzen vermag, aber man kann auch nicht ganz erfolglos gegen seinen Willen handeln, man kann ihn sogar überlisten, denn ihm fehlt die Allmacht des biblischen Gottes. Im Kampf um Troja begünstigt er die Trojaner; Hera, seine Schwester und Gemahlin, die Griechen. Einmal, als ihre Schützlinge arg bedrängt werden, tritt sie vor ihn hin, verführerisch angetan mit dem Liebesgürtel, den sie ihrer Tochter Aphrodite abgelistet hat. Zeus wird sofort von heftigem Begehren ergriffen, vergißt den Streit der Menschen; Hera gibt ihm scheinbar widerstrebend nach und beide vereinigen sich in brünstiger Umarmung. So können die Griechen zum Gegenangriff übergehen und die Trojaner zurückwerfen; Zeus schläft ein, wohlig ermattet (auch der Schlaf ist ein Gott). Beim Erwachen fährt er zornig auf, aber er kann das Geschehene nicht mehr ändern, sondern nur reparieren, was angerichtet worden ist.[40] Am Ende wird Troja ohnehin fallen, die Griechen werden siegen, aber der Sieg wird nur wenig Freude und mancherlei neues Unheil bringen. So ist die Welt, von der niemand erwartet, daß sie allen ihre Wünsche erfüllt. Die *Moira* gibt jedem sein Teil, und damit muß man sich abfinden.[41]

Zeus ist weder allmächtig noch allgütig, noch unendlich weise. Er schickt den Menschen Gutes und Böses, er verstrickt sie in Schuld und wird selbst schuldig; er ist sogar schuldig dafür, daß es die Schuld gibt, denn Ate, die Göttin der Schuld, ist seine Tochter, der er selbst einmal erlag.[42] Aber es ficht ihn nicht an, daß man solches von ihm erzählt, und er regt sich nicht auf, wenn Menelaos ihm ärgerlich zuruft: »Vater Zeus, nie gleicht dir an Grausamkeit einer der Götter!«[43] Dieser Gott braucht keine Entlasterin und niemanden, der sich für ihn als Sündenbock hergibt. Überhaupt geschieht nichts zufällig; Pfeile und Speere verfehlen ihr Ziel, weil ein Gott sie ablenkt, und Götter kümmern sich sogar um Dinge, die ihrer Aufmerksamkeit nicht würdig zu sein scheinen. Beim Wettlauf mit Odysseus gleitet der schnelle Aias im Kuhmist aus, so daß er prustend als zweiter ankommt – das hat Athene verursacht, wie uns der Dichter wissen läßt, und auch Aias weiß es:

Traun, wohl irrte die Göttin im Laufe mich, welche von jeher
Mütterlich naht dem Odysseus, ihm beizustehn und zu
helfen![44]

Die Umstehenden lachen; sie finden nichts Besonderes daran, daß die Göttin der Weisheit Unappetitliches verwendet, um ihrem Günstling einen Sportsieg zu verschaffen.

»Und die Sonne Homers, siehe! sie lächelt auch uns«, sagt Schiller am Ende seines Gedichtes *Der Spaziergang*. Das wurde früher oft wie eine ebenso tröstliche wie elementare Wahrheit zitiert, denn man nahm als sicher an, daß die Sonne zu jeder Zeit die Sonne, also mit sich selbst identisch ist. Das mag sein, aber auch für die Sonne gilt – *mutatis mutandis* – der beunruhigende Satz William Blakes:

> A fool sees not the same tree that a wise man sees.
> Ein Tor sieht nicht denselben Baum wie ein Weiser.[45]

Homer – oder der ›homerische Grieche‹, von dem wir annehmen, daß er existiert hat, sah die Sonne anders als Schiller; Schiller sah sie anders als ein Astronom des 20. Jahrhunderts, und ein sonnenhungriger Tourist sieht sie andes als ein Astronom. Und so wissen wir nicht, wer sie richtig sieht; wir wissen nicht, wer oder was die Sonne *ist*, auch wenn alle wissen, daß sie ›da‹ ist. Als ein ›Naturphänomen‹ sieht sie nur jemand, der weiß, daß es ›die Natur‹ gibt, und das wußte Homer wahrscheinlich nicht, ob noch nicht, das sei dahingestellt, jedenfalls wissen es auch die ›Primitiven‹ nicht, die vom europäischen Denken unberührt sind.

In ihre Welt, die der homerischen gleicht, versetzen uns die Romane schwarzafrikanischer Autoren, die jedoch nicht mehr in ihr, sondern ihr gegenüberstehen. Sie sind aus ihr herausgetreten, schon dadurch, daß sie zu schreiben gelernt haben, denn alle autochthone schwarzafrikanische Kultur ist schriftlos, und auch dadurch, daß sie Romane schreiben, denn der Roman als literarische Gattung ist ein europäischer Import. Aber diese Autoren stehen der alten Welt näher als ein Europäer, der sich im besten Falle in sie einzufühlen versucht, wenn er sie nicht von vornherein als ›barbarisch‹, ›heidnisch‹ und ›wild‹ abtut. Auch diese alte, heute vergangene und vergehende Welt hatte ihre Normen und ihre Ordnung, deren Zerfall der Ibo Chinua Achebe in dem Roman *Things Fall Apart* darstellt.[46]

Achebe stimmt keine Klage an, und er ergreift nicht Partei; die Weißen sind nicht ›böse‹, und die Schwarzen sind nicht ›gut‹; aber in manchem sind sie sehr verschieden voneinander. So gibt es Anlaß zur Verwunderung; auch weiße Leser des Romans wundern sich, und wenn sie erfahren, daß es dort üblich war, Zwillinge sofort nach der Geburt auszusetzen, dann geht das Sich-Wundern in leisen Abscheu über. Der Grund für diesen Brauch: daß Zwillinge den Zorn der Erdgöttin anzeigen, leuchtet nicht ein, aber auch einige von denen, die ihn befolgen müssen, sind nicht ganz zufrieden damit. Die Unzufriedenen sind gleichsam die Risse im Gefüge der traditionellen Ordnung; durch sie kann das Fremdartige eindringen. Ob aus der zerstörten alten Ordnung eine neue hervorgeht, wird nicht gesagt; der Autor deutet nur an, daß die ›Dinge, die zerfallen‹, ein Recht hatten, zu bestehen.[47]

Viele von den Romanen, die seit nicht allzulanger Zeit in Afrika geschrieben werden[48], haben den Konflikt von Alt und Neu zum Thema. Er ist nicht identisch mit dem Konflikt von Schwarz und Weiß; überhaupt kann man aus diesen Büchern lernen, daß die Schwarzen genauso wenig homogen sind wie die Weißen. Beide haben ihre internen Probleme, und die Welt der Schwarzen war nicht ›heil‹, bevor die Weißen in sie eindrangen. Das zeigt Elechi Amadi in *The Concubine*. Eine junge, schöne und ehrbare Frau bringt den Männern Unglück, gänzlich ohne ihr Verschulden. Aber sie wird sich selbst unheimlich, so daß sie beschließt, nach dem Tode ihres Mannes nicht mehr zu heiraten. Das weiß man, trotzdem wird sie umworben. Ein junger Bursche liebt sie mit krankhaftem Verlangen; schließlich gibt sie nach, denn sie mag ihn; sie fürchtete nur, daß etwas Schlimmes geschehen könnte. Und es geschieht auch. Kurz vor der Hochzeit wird der Bräutigam von einem Pfeil getroffen und stirbt. Niemand hat seinen Tod gewollt, niemand hat auf ihn gezielt. Anscheinend ging der Pfeil zufällig daneben.

Aber der Tod des Bräutigams läßt sich auch anders erklären. Ein berühmter Medizinmann, den das Paar konsultiert, findet heraus, daß die junge Frau aus dem Geisterreich stammt. Sie ist vermählt mit dem König des Meeres, der ihr auf ihre Bitten hin gestattet hat, eine Weile in menschlicher Gestalt bei den Menschen zu wohnen, unter der Bedingung, daß sie nie heirate. Sie darf nur Konkubine sein, und jeder Mann, der sich ihr mit ernsthaften Absichten nähert, muß sterben. Sie erinnert sich selbst an nichts mehr, sie ahnt nur, daß sie anders ist als die anderen Frauen. Da der Medizinmann vermutet, der König des Meeres würde sich vielleicht besänftigen lassen, wagt sie den verbotenen Schritt. Sie wird schuldig; hinter dem, was wie Zufall aussieht, verbirgt sich ein Geflecht von Ursachen. Vielleicht – Elechi Amadi fällt kein Urteil, sondern überläßt die Entscheidung dem Leser, der die Erklärung des Medizinmanns als abergläubisches oder betrügerisches Gerede abtun kann.

Wer jedoch den Zufall verantwortlich macht, erklärt das Geschehen nur anders als der Medizinmann und nicht besser. Der Zufall ist so wenig evident wie der Gott; das weiß der afrikanische Romancier, dessen Skepsis manchen europäischen Wissenschaftler einiges lehren könnte.

III Der Stier und der Igel

Vor einigen Jahren sah ich in Straßen und Untergrundbahnhöfen Plakate, die nicht, wie die meisten Plakate, zum Erwerb oder Genuß von irgend etwas aufforderten. Sie zeigten einen Torero in seiner altertümlichen Tracht, rote und silberne Farbtöne lockten das Auge an, und daneben hockte ein schwarzer Stier, der sterbend zusammengebrochen war. An die Betrachter erging die Aufforderung: »Meidet den Stierkampf!«

Da in Deutschland keine Stierkämpfe durchgeführt werden, sollten sich wohl hauptsächlich potentielle und habituelle Spanien-Urlauber angesprochen fühlen. Sie verlangen nach Sonne, Sand und Wasser, wohnen in Hotelkästen und interessieren sich kaum für das Land, seine Sprache, seine Bewohner; trotzdem könnten sie auf die Idee kommen, einmal etwas echt Spanisches zu erleben und sich einen Stierkampf anzuschauen. Das Plakat belehrte sie, der Stierkampf sei »die blutigste Schau der Welt«; so wurde an ihre Tierliebe appelliert, vielleicht auch an ihre Menschlichkeit. Vielleicht wurde gerade dadurch ihre Neugier geweckt.

Auch Spanien-Urlauber sind mündige Bürger, die sich nicht gängeln lassen, und außerdem geht es ihnen nicht anders als anderen Menschen: sie möchten gern wissen, warum das Verbotene verboten ist. Gründe, das Verbot zu übertreten, finden sich immer, zumal dann, wenn keine Strafe darauf steht. Endlich sollte man nicht vergessen, daß heutige Zivilisationsmenschen ihre Lust am Grausamen haben, an Horrorfilmen, die sie im behaglichen Heim anschauen – warum sollen sie nicht richtiges Blut fließen sehen, wenn sich im fernen Spanien die Gelegenheit dazu ergibt?

Wer nun die Arena betritt, sei es aus Neugier, sei es aus

Wissensdurst, sei es, weil er einen Kitzel verspürt, wer dann auf einer dieser steinernen Bänke sitzt, so, daß seine Knie fast den Rücken des vor ihm Sitzenden berühren, der wird wahrscheinlich als erstes fühlen, daß er die Schwelle zu etwas Fremdartigem überschritten hat. Wenn er über ein wenig Weisheit verfügt, wird er mit dem Urteilen warten und sich auf das Wahrnehmen konzentrieren.

Es ist jedoch ausgeschlossen, daß er alles wahrnimmt, daß er alles, was da geschieht, in sein Bewußtsein aufnimmt. Ihm imponiert möglicherweise der Stier, der in die Arena stürmt, mächtig und wild; ein Tier, das ganz Tier ist, schön, weil vollkommen tierisch, und plötzlich wird verständlich, daß ein Gott Stiergestalt annehmen konnte. Und dieser Stier wird von flinken, hurtigen Menschen in bunten, uniformähnlichen Anzügen geneckt, gereizt, gehetzt, gequält: ein berittener *picador* – das Pferd ist sorgfältig gegen die gefährlichen Hörner geschützt – stößt ihm eine Lanze in die Schulter, das Blut beginnt zu fließen. Dann werden ihm kleine Spieße mit bunten Fähnchen – die *banderillas* – in den Nakken gesetzt, er schüttelt sich, um sie abzuwerfen; umsonst, das Blut fließt stärker. Und dann kommt der Torero. Jemand, der bisher mit dem Stier sympathisiert hat, könnte jetzt mit dem Torero fühlen, aber der Torero will anscheinend keine Einfühlung, er ist, obwohl unzweifelhaft Mensch, so anders, so entrückt wie der Stier, mit dem er spielt und den er nach langem Spiel tötet. Das Töten, der tödliche Stich zwischen zwei Wirbel, ist der Höhepunkt des Ganzen, sollte es sein, aber nicht jeder Torero ist ein guter Töter, *matador*, und dann endet das Schauspiel eher kläglich als würdevoll. Der Stier bricht in die Knie, die Zunge hängt ihm heraus, schließlich stirbt er, gebrochen. Der eben noch kraftvolle, fast göttlich strahlende Körper ist schlaff, ein Fleischsack, den zwei Maultiere aus der Arena schleifen. Was soll das alles? Wozu taugt der Stierkampf?

Er taugt sicher nicht dazu, die bloße Lust an der Grausamkeit zu befriedigen. Grausam ist der Stierkampf, und die Verfasser des Plakat-Textes haben wahrscheinlich recht, daß er »die blutigste Schau der Welt« ist, der heutigen Welt jedenfalls; die Gladiatorenkämpfe und Zirkusspiele, an denen sich die Römer erfreuten, waren noch sehr viel blutiger. Aber es geht im Stierkampf nicht um die Grausamkeit als solche, nicht um den Anblick, den erregenden Geruch des vergossenen Blutes allein. Und diese ›Schau‹ ist auch keine Schau im Sinne von ›Show‹, sondern ein Schau-Spiel zeremoniellen Charakters, ein Ritual, dessen Regeln so streng befolgt werden müssen wie die einer Kulthandlung. Deswegen genügt es nicht, nur *einen* Stierkampf gesehen zu haben, wenn man das Phänomen des Stierkampfs beurteilen will. Und man muß nicht nur sehen, sondern sich auch von Kennern beraten lassen und die Literatur zur Sache studieren – Hemingway zum Beispiel oder auch Paul Scott, der in dem Roman *The Corrida at San Felíu* einen Stierkampf virtuos beschrieben hat.

Wer sich abgestoßen fühlt, braucht das nicht zu verschweigen, und er kann darauf hinweisen, daß die Frage, was das alles soll, nicht eindeutig beantwortet wird. Es gibt viele Deutungen des Stierkampfs, und sie alle haben gemeinsam, daß sie nicht jeden überzeugen. Für den Philosophen Jean Gebser verkörpert der buntgekleidete Torero das Leben, der dunkelfarbige, oft schwarze Stier den Tod.[1] Aber diese sehr einfache Symbolik gerät in Verwirrung, wenn man fragt, warum der Tod erst herumgehetzt und dann totgestochen wird. Und warum hat der Stier die Chance, den Torero auf die Hörner zu nehmen, zu verletzen und sogar zu töten? Wäre das so zu verstehen, daß gelegentlich der Tod das Leben besiegt?[2] Allein, auch wenn die Deutungen nicht überzeugen, so wäre das noch kein gravierender Einwand gegen den Stierkampf – denn welchen Sinn hat der Fußball? Das Autorennen? Das Springturnier?

Pferde, die viel springen müssen, fühlen sich, wie Sachkundige versichern, gar nicht glücklich. Auch der Stier fühlt sich nicht glücklich – man braucht nicht sachkundig zu sein, um das zu bemerken. Aber ohne Zweifel führt der Stier bis kurz vor seinem Tode ein Leben, um das ihn mancher Artgenosse beneiden könnte, wenn er des Neides fähig wäre. Er wird schon in früher Jugend sorgfältig ausgewählt, denn nur ein ›wilder und schöner‹ (›bravo y hermoso‹) Stier darf in die Arena, wo er, wenn er sich so verhält, wie man erwartet, von den Zuschauern bewundert und beklatscht wird. Und ist nicht der Tod in der Arena stierwürdiger (das Wort sei erlaubt) als der Tod im Schlachthof? Der Stier, der in die Tötungsmaschinerie des Schlachthofs gerät, hat kein Recht auf Bewunderung, nicht die mindeste Chance, einen seiner Henker mit den Hörnern in die Luft zu schleudern – er ist ein anonymes Stück Vieh. Warum sollen wir den Stierkampf meiden, wenn wir ungerührt und mit gutem Appetit unser Steak verzehren dürfen? Es gibt allerdings Leute, die auf jeglichen Fleischgenuß verzichten, wenn sie erfahren, wie heutzutage geschlachtet wird.

Der Stierkampf ist ein Spiel auf Leben und Tod; wenn der Mensch, der Partner des Stieres, nicht sein Leben riskiert, spielt er falsch. In Portugal endet der Stierkampf, der im klassischen Stil zu Pferde durchgeführt wird, mit der *pega:* der berittene Torero zieht den Hut, nimmt den Applaus entgegen und trabt hinaus; der Stier steht da, als ob ihn das alles nichts anginge, starrt vor sich hin, den schweren Kopf gesenkt. In seinem Nacken stecken die *farpas*, die spitzen Stäbe mit den Fähnchen, und nun geht eine Schar von jungen Männern, gleichmäßig in bunte Tracht gekleidet, im Gänsemarsch auf ihn zu. Der vorderste lockt oder reizt und springt dem angreifenden Stier zwischen die Hörner. Die andern kommen ihm schnell zu Hilfe, aber nicht immer schnell genug. Ich selbst habe gesehen, wie ein Mann zweimal zu Boden geworfen wurde und wie der Stier ihm mit den Hörnern zusetzte; schon nach dem ersten Male strömte ihm das Blut übers Gesicht, und zum dritten Sprung mußte er die Erlaubnis des anwesenden Staatspräsidenten einholen. Der Beifall war immens.

»Der Stier kommt an wie eine Lokomotive«, sagte mir ein Bekannter, dessen Sohn bei der *pega* mitmachte. Sie galt früher als eine hohe Schule des Mutes und der Geschicklichkeit, besonders für Söhne aus vornehmen Familien. In Santarem, das ein wenig nördlich von Lissabon am Ufer des Tejo liegt, laufen die Stiere am Tag vor dem Kampf frei durch die Straßen; dort kann jeder, dem der Sinn danach steht, mit ihnen sein Spiel treiben und sein Leben riskieren. Im spanischen Pamplona geht es ähnlich zu. Auf der Iberischen Halbinsel gibt es noch Menschen, die empfinden, was die Soldaten in *Wallensteins Lager* singen:

> Und setzet ihr nicht das Leben ein,
> Nie wird euch das Leben gewonnen sein.[3]

Das klingt nicht nur archaisch, sondern altmodisch, für manche wohl erschreckend altmodisch. Der Stierkampf paßt gar nicht in unsere Zeit – im Gegensatz zum Schlachthof und zu einigem anderen.

In den Außenbezirken unserer Städte, in den Gegenden, wo es Gärten und Parks gibt, liegt manchmal ein toter Igel auf der Straße. Der stachlige Leib ist aufgerissen, die blutverschmierten Eingeweide sind herausgequollen und kleben am Asphalt, die spitze Schnauze ist zerquetscht. Irgendein Motorfahrzeug hat dieses Lebewesen vernichtet; der Igel mußte sterben, weil er ›im Wege‹ war; eine andere Schuld hatte er nicht. Auch der Kraftfahrer, dessen Kraft er erlag, kann – wahrscheinlich – nicht schuldig gesprochen werden; wahrscheinlich hat er den Igel gar nicht gesehen, und wenn er ihn gesehen hat, dann war es zu spät zum Bremsen. Aber wer fragt überhaupt nach Schuld, wenn es sich um den Tod eines Igels handelt? So etwas passiert doch ständig. Allerdings sollte jemand, der den Stierkampf mißbilligt, dem Igel Gerechtigkeit widerfahren lassen. Oder verdient der Igel keine Gerechtigkeit, weil er klein und unscheinbar ist?

Manche Leute finden, daß er Schonung verdient, denn sie stellen ein Plakat mit seinem Konterfei auf und schreiben darunter mit großen Buchstaben:

ICH BIN NÜTZLICH.

Das ist gut gemeint, zeugt aber nicht von tiefer Einsicht. Wenn die Nützlichkeit darüber entscheidet, wer leben darf, dann müßten viele Menschen um ihr Leben bangen, und außerdem ist die Nützlichkeit kein objektives, allgemein gültiges Kriterium. Man muß immer fragen, wem jemand oder etwas nützt. Der Kraftfahrer hält sein Kraftfahrzeug für nützlich, der Igel hingegen, hätte er ein Mitspracherecht, würde es für unnütz, sogar im höchsten Maße schädlich erklären.

Tiere haben in unserer Gesellschaft nichts zu sagen, aber auch Menschen, die etwas zu sagen haben, sind nicht immer von der Nützlichkeit des Kraftfahrzeugs überzeugt. Ich gebe einem von ihnen das Wort:

> Als die ersten Automobile konstruiert wurden, ahnte niemand, welche Folgen dies einmal haben würde. Man brauchte das Auto damals nicht, es war eine Art Spielzeug für Erwachsene. Heute leben Millionen von seiner Herstellung, seinem Vertrieb, seiner Reparatur, dem Bau der Straßen. Dieses neue Fortbewegungsorgan hat uns viele neue Möglichkeiten eröffnet, aber auch viele Gefahren beschert. 12000 bis 14000 Menschen sterben jährlich in der Bundesrepublik auf den Straßen, die Zahl der Verletzten geht in die Hunderttausende. Kohlendioxid, Stickoxide, Blei und Schwe-

feldioxid belasten die Atmosphäre in bedrohlich werdendem Ausmaß mit noch nicht abzusehenden Konsequenzen, zum Beispiel für unser Klima. Und dabei scheint es, als würden wir von einer Dynamik überrollt, der wir nicht gewachsen sind.[4]

Das Statistische Bundesamt versorgt uns mit genauen Zahlen, zum Beispiel: »Jede Stunde ein Todesopfer, jede Minute ein Verletzter, alle zwölf Minuten ein verletztes oder getötetes Kind, alle 17 Minuten ein verunglückter älterer Mensch«[5]. Oder: »Die Zahl der verunglückten Radfahrer in der Bundesrepublik ist 1986 im Vergleich zum Vorjahr um 4,5 Prozent auf nahezu 63 000 geklettert. Davon wurden fast 17 000 schwer verletzt und 819 (6,6 Prozent) getötet.«[6] Derartiges kann man in der Zeitung lesen, freilich nicht auf der ersten Seite und nicht unter fettgedruckten Überschriften, sondern an Stellen, wo es nicht allzu sehr auffällt. Man soll wohl nicht auf den Gedanken kommen, daß die von Benzin getriebenen Kraftfahrzeuge schädlich sind.

Es erhebt sich auch kein Protest, obwohl doch der Protest, die Demonstration gegen etwas, zu den beliebtesten Tätigkeiten unserer Tage gehört. Anscheinend verdienen die 819 getöteten Radfahrer nicht in gleichem Maße die Anteilnahme der bundesdeutschen Bevölkerung wie die in Spanien getöteten Stiere, ganz zu schweigen von den Igeln, die uns – buchstäblich – wesentlich näher liegen als die Stiere. Freilich – gegen wen sollte auch protestiert werden? Die ›Gesellschaft‹, die sonst so gern angeklagt wird (weil sie anonym ist und nicht antwortet), eignet sich in diesem Falle nicht als Adressatin, weil sie zum großen Teil aus Auto- und Motorradfahrern besteht und fast nur aus Menschen, die in irgendeiner Weise auf den motorisierten Verkehr angewiesen sind oder gar von ihm profitieren. Am meisten profitieren die Hersteller der Motorfahrzeuge, die als ›Kapitalisten‹ zu verurteilen wären, aber nicht verurteilt werden, weil sie dem allgemeinen Bedarf nachkommen. Wenn aber alle – oder fast alle – des Motorfahrzeuges bedürfen, dann übernehmen alle – fast alle – die Verantwortung für die unvermeidlichen Konsequenzen. Sie sind gefangen im Netz des Verkehrs, das so gut wie keinen freigibt.

Die Grünen jedoch wollen, wie man hört, sich und uns aus der Verstrickung lösen. Vor mehr als zehn Jahren, noch ehe sie in Deutschland von sich reden machten, drang mir eines Nachmittags in Paris auf den Champs Elyssées lautes Geschrei in die Ohren; eine Gruppe von vielleicht dreißig jugendlichen Radfahrern kam angebraust. Den Sinn ihrer rhythmischen Schreie verstand ich zunächst nicht, dann aber erkannte ich die Worte »Pas d'auto! Au vélo!« »Weg vom Auto, rauf aufs Fahrrad!« Man schenkte ihnen wenig Beachtung, aber ihnen folgten zwei Streifenwagen der Polizei – was einen gutgekleideten Herrn veranlaßte, mir, den er wohl als Fremden erkannte, zu sagen: »La population n'aime pas ça!« Dabei wies er unmißverständlich auf die Polizisten und nicht auf die Radfahrer, die zwar Lärm machten, aber weniger als jene Motorradfahrer, die wie die Besessenen durch die Straßen brausen. Die Polizei läßt sie meistens gewähren, obwohl sich ihr Verhalten wenig von dem gemeingefährlicher Irrer unterscheidet.

Die Radfahrer auf den Champs Elyssées sind die einzigen Anti-Auto-Demonstranten, die ich je gesehen habe. Unsere Grünen kämpfen nicht sehr lautstark gegen das Auto: aus gutem Grund – eine Kampagne gegen das Auto bringt keine Wählerstimmen. Man könnte sie sogar als ›undemokratisch‹ verurteilen, denn die Mehrheit braucht das Auto nicht nur, sie will es; das Auto gibt, wie jedermann weiß, und wie kluge Politiker von Zeit zu Zeit versichern, Unabhängigkeit, Beweglichkeit, Freiheit. Man kommt überall hin mit ihm, und dort, wo man nicht mit ihm hinkommt, übers Meer zum Beispiel, kann man sich einen Leihwagen nehmen. Der Nachteil ist nur, daß sehr viele ›überall hin‹ wollen. Dadurch nämlich wird die Freiheit eingeschränkt, man kommt sich gegenseitig ins Gehege oder man gerät in einen Stau und muß warten. Oder, schlimmer noch, man verliert bei einem Zusammenstoß nicht nur die Freiheit, sondern auch die Gesundheit und womöglich das Leben, und wenn man einem anderen das Leben nimmt, dann handelt man gezwungen und nicht freiwillig (von einigen Ausnahmen abgesehen).

Der Automobilist nimmt all das grundsätzlich in Kauf. Der Verkehr fordert, wie es heißt, Opfer; er wird manchmal als ›Moloch‹ bezeichnet, mit dem Namen des altsemitischen Gottes, dessen metallenes Abbild in Notzeiten zum Glühen gebracht und mit Kindern gefüttert wurde. Menschenopfer wurden auch anderswo dargebracht; die Azteken schlachteten, wie man schätzt, im Jahr an die 20 000 Menschen, meist wohl Kriegsgefangene.[7] Die Spanier fanden das abscheulich und fühlten sich wohl eben deswegen zur Grausamkeit berechtigt. Und noch heute entsetzen sich Christen über die Greuel der Heiden, vergessen dabei aber, daß auch im Zentrum ihrer Religion das blutige Opfer der Kreuzigung steht. Es wird Tag für Tag mehrmals in jeder katholisch geweihten Kirche der Erde wiederholt – freilich, wie Heine sagt:

In der christlichen Behandlung
Ist das Schauspiel nicht so gräßlich.

Denn dem Blute wurde Rotwein,
Und dem Leichnam, welcher vorkam,
Wurde eine harmlos dünne
Mehlbreispeis transsubstituieret –

wohingegen –

bei den Wilden
War der Spaß sehr roh und ernsthaft

Aufgefaßt: man speiste Fleisch,
Und das Blut war Menschenblut.[8]

Aber die Christen und die Wilden sind sich darin einig, daß geopfert werden muß; das Opfer gilt ihnen als notwendig. Das Opfer Christi hat die Menschen aus der Not befreit, in die sie durch die Erbsünde gekommen sind. Es hat die Gefallenen aufgerichtet, so daß sie wieder gehen können; die Wiederholung des Opfers gewährt ihnen Sicherheit, die vor den Folgen des immer möglichen Strauchelns schützt. Die Azteken glaubten, daß die Sonne mit Menschenblut getränkt werden müsse, um sich auf ihrer Bahn zu bewegen; Menschen zu opfern war für sie eine heilige Pflicht, durch deren Erfüllung das Leben auf der Erde erhalten blieb.

Alles Lebendige lebt davon, daß es Lebendiges tötet und sich einverleibt. Die Wahrheit dieses Grund-Satzes muß auch der anerkennen, der kein Blut vergießen möchte und deswegen nur Pflanzliches ißt, denn auch das Korn stirbt, wenn es zum Bereiten des Brotes verwendet wird. Die Opferhandlung, die immer eine heilige Handlung ist, macht diese Wahrheit sichtbar und prägt sie dem Bewußtsein dadurch ein, daß sie dem Opfer eine besondere Würde gibt. Es ist eine Auszeichnung, geopfert zu werden, aber nur das an sich schon Ausgezeichnete, das einen eigenen Wert hat, taugt zum Opfer. Nach christlicher Lehre ist die Menschheit von Gott selbst erlöst (das heißt freigekauft) worden, von Gott in der Gestalt des Menschen; ein bloßer Mensch hätte durch seinen Tod die ungeheure Schuld nicht bezahlen können.

Auch der Stier, der in der Arena kämpft und stirbt, zeichnet sich aus; er ist schon als junges Tier vom Züchter ausgewählt worden. Sein Tod hat Würde; der Igel, der auf der Straße vom Auto zerquetscht wird, stirbt würdelos, genauso wie der Mensch, der das gleiche Schicksal erleidet. Weder der Mensch noch der Igel sind an sich würdelos, aber ihre

Würde ist gleichgültig. Für den, der sie tötet, sind sie Objekt, beliebig austauschbar und nicht erwählt. Deswegen ist die Bezeichnung ›Verkehrsopfer‹ irreführend. Der ›Moloch Verkehr‹ verlangt kein Opfer, im Gegenteil, je weniger passiert, desto besser rollt er. Das vergossene Blut ist überflüssig und in keiner Weise not-wendig. Aber daß etwas passiert, daß Menschen und Tiere im Verkehr zu Schaden kommen, das ist allem Anschein nach unvermeidlich.

So gut wie nichts passiert, weil es passieren soll; fast jeder Unfall ist ein Zufall, denn auch der Mensch, der am Steuer versagt, versagt zufällig. So wird der alten Göttin Fortuna ein weites Wirkungsfeld eingeräumt, aber schon versucht man, es einzuschränken und führt Verkehrserziehung durch. Die Kinder sollen schon frühzeitig lernen, daß unsere Welt voll von unberechenbarer Heimtücke ist, und sie sollen glauben, daß das Unvermeidliche vermieden werden könnte. Der böse Zufall wird bekämpft und nach Möglichkeit ignoriert, und dann erscheint etwa der Dämon Alkohol als der Hauptschuldige – als ob die Autos nicht auch ohne ihn ineinander rasten. Auf der anderen Seite aber wird der Verkehrsunfall als eine Art von Institution anerkannt, denn man baut Unfallkrankenhäuser, richtet Unfalldienste ein und trifft alle erdenklichen Vorkehrungen. Die medizinische Wissenschaft hat mit der Unfallchirurgie ein neues Spezialgebiet geschaffen; der junge Arzt kann sich zum Traumatologen ausbilden lassen und darf hoffen, einmal gut zu verdienen. Hätte die Verkehrserziehung durchschlagenden Erfolg, dann müßte er das Fach wechseln.

Doch soll die Unfallchirurgie nicht verteufelt werden; viele Menschen leben davon, daß die Menschen unvollkommen, dumm, böse oder beides sind, und zumal in einer komplizierten, fortgeschrittenen Zivilisation gedeiht das Negative. Bestünde das »Ziel des Fortschritts (...) in nichts anderem als in der vollen Entfaltung des Menschseins«[9], dann würde sicher nicht jeder sagen, es sei eine Lust zu leben. In dem Maße, wie das Gute wächst, wächst oder entfaltet sich das Böse. Und außerdem gehen, wie nicht oft genug betont werden kann, die Ansichten über Gut und Böse auseinander, oft radikal. Die einen versichern, daß wir unbedingt Atomkraftwerke brauchen, halten sie also für etwas Gutes, die anderen bekämpfen sie mit allen Mitteln, als ob der Satan selbst darin säße und ausgetrieben werden müßte.

Die meisten modernen Menschen, zumal die, die auf ihr Modernsein stolz sind, und dazu gehören sowohl die Gegner als auch die Befürworter der Kernkraft, haben für die Idee des Opfers wenig Verständnis und für deren Praxis wahrscheinlich gar keines. Daß man früher einmal Tiere und mancherorts Menschen schlachtete, um irgendwelche Götter günstig zu stimmen oder, wie die Azteken, der Natur behilflich zu sein, erscheint ihnen als törichter Aberglaube und als Barbarei. Ist es nicht absurd, die Bahn der Sonne mit Opferblut schmieren zu wollen? Allein, was Montaigne von den Kannibalen sagt, gilt auch für die Azteken: Wir können sie »im Hinblick auf die Regeln der Vernunft Barbaren nennen, nicht aber im Hinblick auf uns, die wir sie in jeder Art von Barbarei übertreffen«.[10] Die Sonne bedarf nicht des Blutes, aber die Erde bedarf unserer Sorgfalt. Wir aber verwüsten sie, vergiften den Boden, das Wasser und die Luft – was auch im Hinblick »auf die Regeln der Vernunft« töricht ist, denn kein vernünftiger Mensch zerstört das Stück Welt, in dem er zu wohnen beabsichtigt. Eigentlich aber sollten wir unser Verhalten nicht ›barbarisch‹ nennen, denn die Barbaren wissen besser mit der Erde umzugehen als wir; sie verehren die Erde als ihre Mutter, als eine Göttin, als heilig. Und das ist kein Aberglaube, sondern ein Glaube, der seinen Wert in der Praxis erweist. Wir dagegen verraten eine abergläubische Furcht, die Dinge beim Namen zu nennen, wenn wir von der ›Umwelt‹ sprechen. Der ›Umwelt‹, die bedroht und auf unser freundliches Verhalten angewiesen ist – als wäre nur das bedroht, was um uns herum ist, während wir selbst getrosten Mutes in der Mitte sitzen, so daß wir uns es leisten können, gelegentlich einmal, wenn es nicht anders geht, unfreundlich zu sein.

Der Rückfall in die Barbarei, den viele moderne Menschen beklagen oder befürchten, würde manches Erfreuliche, manches Heilsame mit sich bringen. Daß er in nächster Zeit stattfindet, ist sehr unwahrscheinlich; wahrscheinlich ist jedoch, daß der weitere Fortschritt zu keinem guten Ende führt.

IV Fortschritt und Wiederkehr

William Butler Yeats sagt im Vorwort zu seinem Drama *The Resurrection*, daß, als er jung war, jedermann vom »Fortschritt« geredet habe. Anscheinend wurde ihm das zuviel, denn, so heißt es weiter, »meine Auflehnung gegen die ältere Generation wirkte sich als Abscheu vor diesem Mythos aus«.[1] Die Idee des Fortschritts, dieser »einzige religiöse Mythos des modernen Menschen«, erregte schon deswegen seinen Verdacht und Widerwillen, weil sie modern und modisch war und erst seit »zweihundert Jahren« galt. Er liebte das Alte, Altertümliche, und so fand er auf der Suche nach einem ihm gemäßen Mythos den von der Ewigen Wiederkehr (»the eternal circuit«)[2], der so alt ist, daß niemand sagen kann, wann er konzipiert wurde.[3]

Er steht im diametralen Gegensatz zum Mythos des Fortschritts, aber auch zu dem des Christentums, den der viel jüngere Fortschritts-Mythos voraussetzt.[4] In beiden ist die Zeit eine gerade Linie, die aus der Vergangenheit in die Zukunft läuft, hin zu einem Ende, das den Gegenwärtigen vor Augen steht. Sie läßt sich daher bildlich verstehen als ein Weg, auf dem die Menschen einherziehen oder eben ›fortschreiten‹. Im Mythos von der Wiederkehr hingegen ist die Zeit ein unaufhörliches Kreisen um die unbewegte Mitte, die immer ist: die Ewigkeit, der die Zeit durch ihr beständiges Kreisen gleichzukommen trachtet.

Dies Verhältnis von Ewigkeit und Zeit hat Plotin erhellt, wobei er sich auf Platon beruft[5]; der Mythos kommt nicht aus der philosophischen Spekulation, sondern ist ihr gegeben, so daß der Philosoph sagt, was die Menschen bereits wissen oder wußten. Wenn sie es vergessen haben, dann werden sie durch den Philosophen an ihr früheres Wissen erinnert.

Das der linearen Zeit angemessene Bild ist der Weg; die kreisende Zeit erscheint im Bild des Rades, das wir als das Rad der Fortuna oder auch als das indische Samsāra-Rad kennen. Auch das Rad be-wegt sich, aber seine Bewegung kommt immer wieder an den Punkt, wo sie schon war, sie richtet sich nicht auf ein außerhalb ihrer liegendes Ziel. Zwar dienen die Räder, die wir im Straßenverkehr gebrauchen, der Fort-Bewegung und dem Erreichen eines Zieles; das Rad selbst aber will weder vorwärts noch zurück, beides ist ihm gleichgültig, denn jedes Vorwärts ist auch ein Zurück. Ist die Zeit als Ganzes ein kreisendes Rad, dann ändert sich ›im Grunde‹ nichts, und der Grund ist die Mitte, die unbeweglich steht.

Moderne Menschen, die den Fortschritt für selbstverständlich halten, können sich die kreisende Zeit nur mit Mühe, wenn überhaupt, vorstellen. Sie gebrauchen zwar Wörter wie ›Zyklus‹ und ›Periode‹, aber sie erinnern sich nur selten und vage daran, daß ›Zyklus‹ von griechisch ›Kyklos‹, ›Kreis‹, kommt, und daß ›Periode‹ den Weg ›um etwas herum‹ bedeutet, also den ›Umlauf‹. Daß die Erde auf ihrer Bahn um die Sonne eine ›Periode‹ vollzieht, ist wohl nur wenigen ohne weiteres klar. Für die meisten ist eine ›Periode‹ ein ›Zeitabschnitt‹, ein aus der Zeit herausgeschnittenes Stück, das auf einen anderen Abschnitt folgt und wieder einem anderen vorausgeht. Alle fügen sich aneinander wie eine Reihe von Ziegelsteinen, die sich jedoch zu krümmen anfangen, wenn ein Zeitabschnitt in Unterabschnitte eingeteilt wird. Dann nämlich ist nicht mehr von so etwas wie ›der Romantik‹ die Rede, sondern von ›Früh-, Hoch- und Spätromantik‹, und damit meldet sich die Erinnerung daran, daß die Periode eigentlich ein ›Umlauf‹ ist.

Auch der Tag ›läuft um‹, wenn er, wie wir gewöhnlich sagen, ›abläuft‹. Er steigt aus dem Dunklen auf, wird hell, um wieder im Dunkel zu versinken, aus dem sich der neue

Tag erhebt. Das Schema wiederholt sich, wenn auch nicht in alle Unendlichkeit, denn nichts auf der Erde dauert ewig; der Erde selbst ist eine Frist gesetzt. Weil das Schema konstant bleibt, fallen die Unterschiede nicht ins Gewicht, wenn man sie *sub specie aeternitatis* betrachtet. Im einzelnen sind sie spürbar, aber ein Tag ist immer ein Tag, so wie auch ein Jahr immer ein Jahr ist, unabhängig von dem, was es sonst noch sein mag.

Aber jede Mitte ist etwas Besonderes. Sie ist der Augenblick, in dem die steigende Bewegung in die sinkende übergeht, zeitlos und unmeßbar. Wir versuchen, ihn zu fassen, wenn wir zu Mitternacht sagen, es sei ›Null Uhr‹, und wir geben gerade dadurch zu erkennen, daß wir ihn nicht fassen. Der Zeiger der Uhr zeigt auf Zwölf, aber er steht nicht auf der Zwölf, sondern gleitet über sie hinweg. Trotzdem ist der Augenblick da, obwohl er zeitlos ist und keinen Ort hat; in ihm scheint die Ewigkeit auf, die wir nicht erblicken, von der wir aber wissen (oder wissen könnten und sollten), daß sie ist.[6] Wäre sie nicht, dann gäbe es keine Zeit.

Die meisten Menschen tragen heute eine Uhr bei sich. Viele von ihnen haben die Ewigkeit vergessen; die Zeit, von der sie sich gedrängt fühlen, hat ihr Wissen zugeschüttet. Vielleicht würden sie sich erinnern, wenn sie nicht nur nachsähen, ›wie spät es ist‹, sondern sich Zeit nähmen, die Uhr zu betrachten, um zu erfahren, was sie besagt, wenn auch nicht mit Worten. Sie ist ein Bild der Wiederkehr, ein Symbol des Unbewegten, von dem die kreisende Bewegung ausgeht.

Zu Mittag endet die erste Hälfte des Tages, und die zweite beginnt. Während des Übergangs kann die Zeit aus den Fugen geraten, so daß Ungewöhnliches geschieht:

Mittag ist des Berges Geisterstunde.[7]

Daß die Mitternacht unheimlich ist, daß sich mit ihr die Zeit gleichsam öffnet, galt früher als ausgemacht; manche von uns mögen noch etwas davon spüren, wenn die Zeiger der Uhr in der letzten Nacht des Jahres auf die Zwölf rükken. Dann ist es ›wieder einmal so weit‹; die Bewegung hält inne, die beiden Zeiger stehen übereinander. Oder scheinen sie nur zu stehen? Sie laufen so, wie sonst auch, aber ›sonst‹ ist es nicht so, wie ›jetzt‹, und der Lärm, das Geschrei, das Knallen der Feuerwerkskörper lassen keinen Zweifel daran, daß ›jetzt‹ etwas ›los‹ ist.

Um diese Zeit, die keine normale Zeit ist, ist immer etwas ›los‹, wenn auch nicht gerade der Teufel. Man muß auf der Hut sein, aber viele sind leichtsinnig und stellen Dinge an, die sie normalerweise nicht anstellen würden. Jedes Jahr warnen Polizei und Feuerwehr, und jedes Jahr passiert das Unvorhergesehene – wie jedermann voraussieht. Manchmal und an manchen Orten geht alles ›drunter und drüber‹, die Leute spielen verrückt und wachen erst spät am nächsten Morgen auf, verwundert und vielleicht auch beschämt, ähnlich wie die jungen Liebenden in Shakespeares Komödie vom *Sommernachtstraum*, die im Original *A Midsummer-Night's Dream* heißt, also den Traum einer Mitsommernacht darstellt. In ihm geraten die Liebespaare durcheinander, und die erhabene Feenkönigin liebt einen ordinären Sterblichen, der einen Eselskopf aufgesetzt bekommen hat. Doch zum Schluß herrscht wieder Ordnung, denn Oberon, der Feenkönig, der das Spiel nach seinem Gutdünken (aber nicht ohne kleine Pannen) lenkt, ist letztlich von Wohlwollen erfüllt. Ob er sich freilich bei nächster Gelegenheit einen ähnlichen Spaß leisten und dabei ein wenig grausamer sein wird, bleibt offen, und die Zuschauer müßten sich besorgt fragen, ob auch sie einmal seinen Launen gehorchen werden. Die menschliche Freiheit erscheint in diesem Stück als eine Illusion; die Menschen ahnen nicht, daß sie wie Puppen gelenkt werden.

In der Mittsommernacht löst sich die gewohnte Ordnung (die manchmal bloße Konvention ist) auf, so wie in der letzten Nacht des Jahres. Für den archaischen Menschen versinkt am Jahresende die Welt in das Chaos, aus dem sie entstanden ist; sie versinkt, um neu zu entstehen. Dieser Prozeß wiederholt sich unaufhörlich, und er wiederholt sich auch dann, wenn sich viele kleine Jahre zu einem »Großen Jahr« zusammenschließen.[8]

So nahm man jedenfalls hier und da an; beweisen läßt es sich nicht. Das »Große Jahr« wurde in Analogie zum ›kleinen‹ konzipiert: als ein riesiger ›Umlauf‹, der endet, wenn alle Gestirne zu ihren Ausgangspunkten zurückkehren, und der dann wieder beginnt. Platon hat sich im *Timaios* dazu Gedanken gemacht, weswegen man zuweilen auch vom ›Platonischen Jahr‹ spricht. Aber er war weder der erste noch der einzige; wahrscheinlich übernahm er die Grundzüge dieser Konzeption aus dem Vorderen Orient. Da sie hypothetisch konstruiert ist und nicht durch Erfahrung kontrolliert werden kann, bestand keine Einigkeit über die Dauer des »Großen Jahres«, und man war auch verschiedener Ansicht über seinen Verlauf: ob sich alles in jeder Einzelheit wiederhole oder nur ungefähr.[9]

Wäre Platon nach Indien gereist und mit den dortigen Weisen ins Gespräch gekommen, so hätte er einiges für ihn Wichtige erfahren. Der indische Mythos und die in ihm enthaltene sowie die aus ihm erwachsende philosophische Spekulation kennt die Lehre von den Weltjahren oder Welttagen. In vier Schritten durchmißt, so heißt es einmal, der gesamte Zyklus sein Dasein, vier Zeitalter folgen aufeinander; am Ende des vierten löst sich alle Ordnung auf. »Dann sieht Vischnu, daß aller Wesen Leib, ja der Weltleib selbst, zum Untergang reif ist. Zwölftausend Herbste – das ist ein Tag Brahmas – sind um, und es wächst im Allgott der Wille, all das Weltwesen vernichtend wieder in sich hineinzuraffen, wie er es einst aus sich hervorgetrieben hat. Vom Brahma, dem Höchsten, angefangen, der das Ganze als Weltgeist innerlich durchwaltet, bis hinab zum Geringsten, dem Grashalm: alle Berge und Ströme, alles Getier und Gewürm, Götter und Dämonen, Kobolde und Unholde, Vögel, Himmelwesen und Menschen – alles rafft er in sich hinein.«[10]

Das Chaos, mit dem ein Zyklus, sei er nun groß oder klein, endet, ist ein Teil der Welt, die im Griechischen ›Kosmos‹ heißt. ›Kosmos‹ bedeutet nicht nur ›Welt‹, sondern auch ›Ordnung‹, ›Weltordnung‹ und ›Schmuck‹, denn den Griechen erschien nur das sinnvoll Geordnete als ›schön‹. Wie aber kann das Chaos ein Teil des Kosmos sein? Das Unbändige und Ungebändigte, das am Ende die Ordnung zerbricht und so über sie triumphiert? Allein, auch die Ordnung triumphiert immer von neuem, indem sie das Chaos zur Form zwingt, so daß es sich fügen muß. Wer nun meinen wollte, daß Kosmos und Chaos gleich mächtig seien und sich gegenseitig die Waage hielten, übersieht, daß die gleichstehende Waage selbst ›in Ordnung‹ ist; ohne Ordnung gibt es keine Gleichheit und nichts, was steht. Wenn Kosmos und Chaos einander in regelmäßiger Folge ablösen, dann herrscht die Regel – die Regel, die im indischen Mythos der ›Allgott‹ setzt, als ein Gesetz, das keine Ausnahme erlaubt. So bleibt der Kosmos ganz, und er ist als Ganzes schön, jedenfalls für den, der in der betrachtenden Schau, welche die Griechen ›Theoria‹ nannten, zu verweilen fähig ist. Sollten wir nicht annehmen, daß der ›Allgott‹ diese Fähigkeit besitzt? Der Philosoph, der bei den Griechen in die Schule gegangen ist, versucht sie sich zu erwerben.

In den modernen Sprachen ist die griechische ›Theoria‹ zur ›Theorie‹ geworden, zu etwas, das grau und blaß im Gegensatz zum ›Leben‹ oder zur ›Praxis‹ steht und oft nicht mehr ist als eine Hypothese oder Vermutung. Physiker haben die Theorie aufgestellt, daß der Kosmos – oder das Universum – allmählich erkaltet, daß es abläuft wie eine Uhr. Ralph William Inge, Dean of St. Paul's in London, ein noch heute bekannter Theologe, Gelehrter und Schriftsteller, aber kein Physiker, hatte davon gehört und nahm sich die Freiheit, die Konsequenzen aus dieser wissenschaftlichen Theorie zu ziehen. Wenn das Universum abläuft wie eine Uhr, dann, folgerte er, muß es auch jemand wie eine Uhr aufgezogen haben; und da eine Uhr mehr als einmal aufgezogen wird, muß sich der Prozeß wiederholen. Damit würde die alte Zyklentheorie bestätigt (»the old theory of cycles«) – für die er selbst, obwohl Christ, Sympathien hatte.[11]

Hier wird aus der ›Theorie‹ die ›Theoria‹, die betrachtende Schau, und der alte Mythos erscheint nicht als veraltet. Heute haben wir allen Grund, ihn ernst zu nehmen. Einschlägige Fachgelehrte nämlich vermuten oder versichern sogar, das Weltall sei mit einem großen Knall entstanden, dem »Big Bang« oder dem »Urknall«, mit einer Explosion, die zur Folge hatte, daß die Teile auseinanderfliegen. Das Weltall expandiert, und zwar mit ungeheurer Geschwindigkeit. Hinsichtlich der Expansion bestehen keine Zweifel; wenn der »Big Bang« hier und da angezweifelt wird[12], so interessiert doch schon das Faktum, daß er vermutet worden ist; daß der »Urknall« als ›Ursache‹ gilt. Wer so wie Dean Inge zur Spekulation neigt, sieht sich zu einigen neugierigen Fragen und Überlegungen veranlaßt.

Wohin fliegen die Teile des Ganzen, das auseinanderfliegt? In das, was um das Weltall herum ist? Aber das ist selbst ein Teil des Ganzen, auch wenn wir es den leeren Raum nennen, den sich im übrigen kein Mensch vorstellen kann: denn das Leere wäre das Nichts, und nichts läßt sich nicht denken; der Gedanke hat immer etwas zu seinem Gegenstand.[13] Wohin geht also die Reise? Kommt sie je an ein Ziel, bleiben die Teile sozusagen eines Tages stehen, um an den jeweils erreichten Örtlichkeiten zu verharren? Stehen sie dann für immer und ewig fest oder verschwinden sie allmählich, so daß sie doch ›eines Tages‹ ins Nichts flögen, nämlich zunichte würden? Oder vollziehen sie eine Kehrtwendung, um wieder zu ihrem Ausgangspunkt zurückzustreben? Dann würde sich die Masse, die auseinandergeflogen ist, erneut in ihrer ursprünglichen Form konstituieren, die ursprüngliche Form könnte so bleiben wie sie war und nunmehr ist. Aber sie könnte auch – und warum eigentlich nicht? – erneut explodieren, so daß die ganze Geschichte noch einmal losginge.

Aber die ›ganze Geschichte‹, deren Dauer wir nicht ermessen, könnte schon oft, könnte schon unzählige Male losgegangen sein und aufgehört haben. Dann wäre jedoch der ›Urknall‹ kein ›Urknall‹ mehr, und keine Form des Weltalls wäre die ursprüngliche, vielmehr würde es sich ständig verwandeln. Der ständige Wandel hätte seinen Grund in etwas, das nicht ab und zu – vielleicht in regelmäßiger Folge – auseinanderplatzt, sondern beständig steht, also *ist.* Denn alles, was sich wandelt, bewegt sich, und alles Bewegte setzt das Unbewegte voraus.

Manche Wissenschaftler schirmen sich vor solchen Spekulationen ab, indem sie dem Laien erklären: ›Diese Fragen stellen wir nicht.‹ Daß sie trotzdem gestellt werden, läßt sich nicht verhindern, und sogar exakte Wissenschaftler halten es für möglich, daß mehr als ein »Großer Knall« stattgefunden hat.[14] Niemand aber sollte sich darüber hinwegtäuschen, daß der »Große Knall« kein exakter, wissenschaftlich abgesicherter Begriff ist.

Ein Knall nämlich muß, ob groß oder klein, gehört werden; ein Knall, den niemand hört, ist kein solcher, sondern im besten Fall so etwas wie ein Knall, von dem kein Mensch sagen kann, was es eigentlich ist. Wer aber hat den »Großen Knall« gehört? Götter, Engel, Teufel und Dämonen scheiden für die Naturwissenschaft aus, weil sie nichts mit ihnen anfangen kann; sie entziehen sich ihren Berechnungen. Auch Menschen und menschenähnliche Wesen sind ausgeschlossen, denn erstens waren sie ›damals‹ nicht ›da‹, und zweitens wäre ihnen mit Sicherheit ›Hören und Sehen‹ vergangen. Die Suche nach einem Wahrnehmenden führt ins Leere – gelegentlich wird zwar gesagt, daß sich der Nachklang des »Großen Knalls« hören lasse, aber der Nachklang oder Nachhall ist nicht der Knall selbst, und somit erweist sich der »Große Knall« als eine Metapher oder ein Stück Poesie. Sie hat mythischen Charakter, denn sie versucht, den an sich unfaßlichen Anfang zu fassen, das Unbegreifliche, das irgendwie begriffen und gefaßt werden soll. Wer die finnische *Kalevala* aufschlägt, findet sehr bald eine Stelle, wo von der ursprünglichen Explosion berichtet wird.[15]

Kehrt die Wissenschaft zum Mythos zurück? Wenn wir annehmen, daß die Expansion des Weltalls eines Tages aufhört, dann müßte Stille herrschen, vielleicht nur für einen Augenblick, der zeitlos wäre. Ginge aus ihm erneut Zeit hervor, dann könnte sie in der entgegengesetzten Richtung verlaufen. Und damit hätten wir einen Vorgang, wie er in Platons Dialog vom *Staatsmann* beschrieben wird. Der Kosmos, so lesen wir dort, dreht sich um seine Achse; die Drehung verlangsamt sich, hält inne, setzt wieder ein, aber nach rückwärts. Die Folgen der Rückwärtsdrehung sind überraschend; der »Fremde«, der den »jungen« Sokrates belehrt (der »alte« bleibt schweigend im Hintergrund), gibt anschauliche Details. Wie ernst er alles meint, wird nicht recht klar; er selbst sagt, daß er einen »Mythos« erzähle, eine Geschichte, die dem jugendlichen Alter seines Gesprächspartners angemessen sei.[16]

Platon gebraucht hier ›Mythos‹ in einem Sinne, der unserem ›Märchen‹ gleich- oder nahekommt. Die Folgen der Rückwärtsdrehung sind auch märchenhaft; sie erinnern an manches, das Lewis Carrolls Alice im Land hinter dem Spiegel erlebt. Dort muß man den Kuchen erst herumreichen und dann in Stücke schneiden, während bei Alice zu Hause der

Kuchen erst geschnitten und dann herumgereicht wird.[17] Eigentlich zwingt die Verkehrtheit der verkehrten Welt dazu, den Kuchen erst zu verdauen, dann zu essen und dann erst zu backen, aber so viel Unsinn mutet der große Nonsense-Autor seinen Lesern nicht zu. Den Menschen in einer verkehrten Welt würde er zugemutet und, was das Unsinnigste ist, sie würden ihn gar nicht als Unsinn empfinden. Der Unsinn würde nur uns auffallen, wenn wir in die verkehrte Welt hineinsehen könnten: was wir nicht können, oder was wir nur in der Form können, daß wir unsinnige Geschichten erzählen und anhören. Philosophisch betrachtet freilich ist der Unsinn gar nicht so unsinnig, denn er bestätigt die alte Weisheit, daß ›Vorwärts‹ und ›Rückwärts‹ nur relative Gegensätze sind. »Der Weg hinauf und herab ist ein- und derselbe«, sagt Heraklit.[18]

Kehrt die Wissenschaft, indem sie zu immer neuen Erkenntnissen fortschreitet, zum Mythos zurück? Vollzieht sie selbst eine Kreisbewegung? Vielleicht stimmt die Prognose, die Laurence Sterne im *Tristram Shandy* gibt. »Unsere Wissenschaften«, von denen er einige mit Namen bezeichnet, sind »in den letzten zweihundert Jahren«, und zumal »in den letzten sieben Jahren« der Vollendung so nahe gekommen, daß der Höhepunkt bald erreicht sein muß. Und was geschieht dann? Dann »darf man hoffen, daß jede Art von Schreiben ein Ende haben wird. Wenn über nichts mehr geschrieben wird, so wird auch alles Lesen ein Ende nehmen, und das muß mit der Zeit, wie Krieg Armut, Armut aber Frieden gebiert, allen Arten von Wissenschaften ein Ende machen, und dann – werden wir wieder ganz von vorne anfangen, oder, mit anderen Worten, dann sind wir wieder da, von wo wir zuerst ausgingen«. Und das, meint Sterne abschließend, wäre eine für den Schriftsteller günstige Situation, dann nämlich hätte er die Chance, etwas Originelles zu leisten.[19]

Er selbst schrieb zu einer Zeit, als die Idee des Fortschritts dabei war, von der Welt, soweit sie sich als zivilisiert verstand, Besitz zu ergreifen. Als skeptischer Außenseiter war er immun gegen sie; er wußte, daß jemand, der einen Berg hinaufsteigt, auch wieder hinuntersteigen muß. Auf dem Höhepunkt kann man nicht verweilen, und die Vollendung ist das Ende, das einen neuen Beginn in sich enthält. Das wußten und wissen auch andere; manche aber, so scheint es, müssen ausdrücklich daran erinnert werden.

Wie es scheint (und der Schein trügt nicht immer), setzt der Mythos dem Denken eine Grenze, die es nicht zu überschreiten vermag. Aber der Mythos selbst hat keine feste Form; zwar läßt sich sein ›Archetypus‹ konstruieren, aber der ›Archetypus‹ selbst ist nirgendwo unmittelbar gegeben, er ist wie ein Thema, das nur in seinen Variationen vorkommt. Der Mythos von der Wiederkehr erscheint als die Ewige Wiederkehr des Gleichen oder als die Ewige Wiederkehr des Ähnlichen; er kann sich auf den gesamten Weltlauf beziehen oder auf einzelne seiner Teile, die dann als ›Perioden‹ verstanden werden. Sind es Perioden der überschaubaren menschlichen Geschichte, dann bedeutet er, daß die Menschen sich grundsätzlich nicht ändern. Das kann zum Mißtrauen gegen den Menschen und seine Leistungskraft führen, zur Menschen- und Weltverachtung, aber auch zur Skepsis, die mit allem Möglichen rechnet. Der Weltlauf, ob nun im Großen oder im Kleinen, kann als ein Rundtanz erscheinen oder als ein Leerlauf, der sich sinn- und ziellos im Kreise bewegt, und dann wird alles öder, abgeschmackt und langweilig.

Bei dem Gedanken, daß die Erde, so wie sie jetzt ist, sich schon »eine Billion Mal« wiederholt hat, empfindet der Teufel, der Iwan Karamasow besucht, eine »unanständige Langeweile«[20]; er zeigt sich so als der Antipode von Nietzsches Zarathustra, der sein lustvoll verzücktes Ja zur Ewigen Wiederkehr spricht.[21]

Yeats kannte sowohl Nietzsche als auch die antiken Spekulationen über das »Große Jahr«, er kannte auch Vico und Spengler, die, jeder auf seine Weise, die in der Antike vorherrschende zyklische Geschichtstheorie erneuerten.[22] Er selbst übernahm keine der schon bestehenden Theorien, sondern wählte sich das aus, was er für seine Zwecke brauchte; der Mythos war ihm eine bildbare Form, die er von Fall zu Fall abwandelte. Sie machte es ihm möglich, Geschichte zu verstehen, und Verstehen war für ihn kein passives Registrieren, sondern ein aktives Prägen, also ein Akt der Formgebung, für den die vorgegebene Form brauchbar war. Dabei lehnte er den Mythos vom Fortschritt nicht nur seiner Neuigkeit wegen ab, sondern auch deswegen, weil die Erfahrung ihn als Illusion erwies. »Wir«, so heißt es etwa in dem Gedicht, das den Titel *Nineteen Hundred And Nineteen* trägt, »wir« Menschen von heute glaubten einmal, daß eine beständige Friedensordnung erreicht sei, daß Soldaten nur für die Parade und Pulver und Kanonen zur Dekoration gebraucht würden, aber –

> Now days are dragon-ridden, the nightmare
> Rides upon sleep: a drunken soldiery
> Can leave the mother, murdered at her door,
> To crawl in her own blood, and go scot-free;
> The night can sweat with terror as before
> We pieced our thoughts into philosophy,
> And planned to bring the world under a rule,
> Who are but weasels fighting in a hole.

> Jetzt reiten Drachen auf der Zeit, der Alptraum
> Reitet den Schlaf: betrunkene Soldateska
> Läßt leicht die Mutter, vor der Tür ermordet,
> Im eignen Blute kriechen – unbestraft.

Die Nacht schwitzt Grauen aus, wie eh bevor
Wir unser Denksystem zusammenstückten
Im Plan, die Welt unter Gesetz zu stellen,
Die wir nur Wiesel sind, im Loche kämpfend.[23]

Mit diesem Gedicht reagierte Yeats auf den irischen Bürgerkrieg, der 1919, unmittelbar nach Erlangung der Autonomie, ausbrach: Irland war zwar frei, aber nicht ganz so, wie manche wollten. Die Unzufriedenen gingen in den Untergrund; niemand war seines Lebens sicher, auch Yeats nicht. Aber statt zu klagen oder zu trauern, begnügte er sich mit der alten Weisheit, daß diese Welt heillos ist, daß alle Hoffnungen, sie »under a rule« zu bringen, also *einer* Regel, *einem* Maßstab, *einer* Herrschaft zu unterwerfen, enttäuscht werden.[24] So wird aus dem Gedicht, daß durch eine bestimmte geschichtliche Situation verursacht ist, eine Meditation, die allgemeine Gültigkeit beansprucht: Ordnung zerbricht, Ordnung entsteht neu, keine Ordnung besteht auf Dauer. Tänzer werden zum Symbol des geschichtlichen Wandels, dem die Menschen gehorchen müssen:

When Loie Fuller's Chinese dancers enwound
A shining web, a floating ribbon of cloth,
It seemed that a dragon of air
Had fallen among dancers, had whirled them round
Or hurried them off on its own furious path;
So the Platonic year
Whirls out new right and wrong,
Whirls in the old instead;
All men are dancers and their tread
Goes to the barbarous clangour of a gong.

Wenn Loie Fullers chinesische Tänzer schlangen
Zum Schimmernetz, was als fließendes Stoffband fuhr,

Schien es, ein Drachen der Luft stürze her
Auf die Tänzer und hielte sie in Wirbeln gefangen
Oder zöge sie mit in seine furiose Spur.
So wirbelt das Platonische Jahr
Neues Recht und Unrecht heraus,
Wirbelt das Alte statt dessen ins Haus.
Alle sind Tänzer und ihr Schritt
Geht mit dem barbarischen Gongschlag mit.[25]

Gläubigen Anhängern des Fortschritts-Mythos müssen diese Verse blasphemisch vorkommen. Yeats hat manche seiner Leser und Kritiker schockiert; manche verziehen ihm seine rückständigen und ungesunden Ideen nur deswegen, weil sie nicht umhin konnten, seine dichterische Meisterschaft anzuerkennen.[26] Auch heute, fünfzig Jahre nach seinem Tod (er starb am 28. Januar 1939), steht ›der Fortschritt‹ noch hoch im Kurs, obwohl man einige schrecklichen Erfahrungen gemacht hat und fast täglich Schreckensnachrichten in den Zeitungen lesen kann. Sie erwecken hier und da den Verdacht, daß die Welt zwar ›fortschreitet‹, aber nicht in der gewünschten Richtung. Darum fordern besonnene Politiker ›Mut zum Fortschritt‹ (der offenbar nicht näher qualifiziert zu werden braucht) und heißen uns hoffen.[27] ›Mut zum Fortschritt‹ ist geradezu eine Bürgerpflicht, die uns insbesondere die Politiker auferlegen, die als ›bürgerlich‹ bezeichnet werden, demzufolge rechts stehen und konservativ sein müßten. Die Fronten sind, wie man schon öfter bemerkt hat, durcheinander geraten, aber auch die Linken, die den ›Ausstieg‹ aus der Kernenergie befürworten, sprechen sich nicht gegen den Fortschritt aus. Alle wollen eine ›bessere Welt‹, eine ›menschlichere‹, und alle sind überzeugte Demokraten, denen die Demokratie als eine fortschrittliche Staatsform gilt. Es gibt keinen Zweifel, daß sie besser, weit besser ist als die Diktatur, und auch als die absolute Monarchie – die konstitutionelle Monarchie wird mit Wohlwollen betrachtet, soweit sie sich mit der Demokratie verträgt.

Die fortschrittlich Denkenden denken durchweg ›realistisch‹, sie sind Leute, die

> wirklich mit allen zehn Zehen
> im wirklichen Leben stehen[28],

die die Realitäten sehen und von Zeit zu Zeit andere Leute zum Realismus auffordern. Ihnen ist der Mythos suspekt. Sie sind davon überzeugt, daß Mythen zerplatzen, wenn sie mit der Wirklichkeit zusammenprallen. Sie werden darum überrascht, vielleicht auch mit Indignation, vernehmen, daß da jemand vom Mythos des Fortschritts spricht. Wenn sie jedoch hören, daß dieser Jemand ein Dichter ist, der Dichter William Butler Yeats, kehren sie wahrscheinlich bald zur Tagesordnung zurück, denn der Dichter ist ein Mensch, »der in den Reichen süßer Träume schwebt«. Das steht bei Goethe, und der wußte, was er sagte.[29]

Aber auch Yeats wußte, was er sagte, und man sollte ihm Gelegenheit geben, sich zu erklären, bevor man ihn in das Reich der Träume verbannt. Er meint mit ›Mythos‹ keine unverbindliche, spielerische Fiktion, sondern eine grundsätzliche ›Aussage‹, die wir machen müssen, ohne daß wir ihre Wahrheit erweisen können.[30]

Wir geraten manchmal in Situationen, in denen wir eine grundsätzliche Aussage machen müssen, und gelegentlich zwingen wir uns selbst dazu. Wenn ich mich frage: ›Was ist das Leben? Ist es wert, gelebt zu werden?‹ – dann kann ich mich nicht mit einem Schulterzucken wegstehlen, sondern muß antworten. Aber den Wert oder Unwert des Lebens kann ich nicht beweisen, jedenfalls nicht so, daß mein Beweis allgemein einleuchtet. So muß ich auch antworten, wenn ich gefragt werde (oder mich selbst frage): ›Gibt es den Fortschritt? Oder kehrt alles wieder, so daß es nur den Kreislauf gibt?‹

Aber gerade hier wird der fortschrittlich Denkende schnell mit der Antwort bereit sein. Der Fortschritt ist doch sehr wohl beweisbar, wird er sagen; der Fortschritt ist so evident, daß ihn kein Mensch übersehen kann. Man braucht nur zum Zahnarzt zu gehen – ja, nicht einmal das, man braucht nur die Deckenbeleuchtung einzuschalten, und sofort wird man des Fortschritts gewahr. Und ist es nicht auch evident, daß die Betäubungsspritze kein Mythos ist, sondern eine Realität, und zwar eine sehr willkommene?

Fragen und Argumente dieser Art sind außerordentlich beliebt und keineswegs neu; schon Baudelaire hörte Ähnliches – und wurde noch mehr angewidert als Yeats, der die Idee des Fortschritts fast beiläufig abtut. Für Baudelaire war sie »grotesk«, sie erschien ihm als eine Art von Sumpfblume, »aufgeblüht auf dem fauligen Gelände der modernen Albernheit«, und er sah im Fortschrittsglauben das Symptom eines hochgradigen Schwachsinns, der »die Phänomene des Physischen und Moralischen« ebensowenig auseinanderzuhalten versteht wie »das Natürliche und das Übernatürliche«.[31]

Man wird wohl zugeben müssen, daß die technischen Errungenschaften der Neuzeit nicht unbedingt die moralische Überlegenheit der Neuzeit garantieren; auch heute wird oft geklagt, daß die Menschheit nicht moralisch so fortgeschritten sei wie technisch. Baudelaire freilich dachte weit radikaler; für ihn war ›Fortschritt‹ soviel wie Verdummung, Abstumpfung, Verfinsterung des Geistes, der »allgemeine Fortschritt« war ihm identisch mit dem »allgemeinen Ruin«.[32] Damit erhält das Wort *progrès* eine grundsätzlich negative Bedeutung, die sich jedoch der französischen Sprache nicht mitteilt; *progrès* ist grundsätzlich positiv aufgeladen, und das gilt auch für unser ›Fortschritt‹ sowie für alle Sprachen, die das lateinische *progressus* in der ihnen gemäßen Form übernommen haben.

Das sollte Anlaß zur Verwunderung geben. Der Fortschritt, der Akt des Fortschreitens, ist an sich wertindifferent; der Wert oder Unwert des Fortschreitens ergibt sich aus seinem ›Wie‹ und ›Wohin‹. Das ist, sollte man meinen, nicht schwer zu begreifen, und tatsächlich begreift es jeder, der nicht immer ›stur geradeaus‹ läuft, sondern Hindernisse umgeht und manchmal auch ein paar Schritte zurück macht – vielleicht, um dann besser ›voranzukommen‹. Aber viele reden so, als ob sie es nicht wüßten; nur manchmal meldet sich das Wissen um die Wertindifferenz des Fortschritts zu Worte, dann etwa, wenn der Arzt diagnostiziert, eine Krankheit sei in einem ›sehr fortgeschrittenen Stadium‹. Dann besteht kaum noch Aussicht auf Heilung; der Fortschritt der Krankheit ist von Übel, wohingegen der ›fortschreitende Gesundungsprozeß‹ mit Freude zur Kenntnis genommen wird. Ähnlich verhält es sich mit den ›Fortschritten‹, die das Wetter macht; wie sie bewertet werden, hängt ganz davon ab, in welche Richtung sie gehen – und auch vom persönlichen Geschmack, von den persönlichen Bedürfnissen. Aber eine ›fortschreitende Beruhigung‹ wird meist allgemein willkommen sein, wohingegen die Art der ›fortschreitenden Lähmung‹, die mit dem Fachausdruck ›progressive Paralyse‹ bezeichnet wird, niemandem als etwas Positives erscheint.

Der gängige Sprachgebrauch behält das Wort ›Fortschritt‹ dem vor, was als ›gut‹ gilt; deswegen fordert man ›Mut zum Fortschritt‹, und jeder glaubt, das Gemeinte zu verstehen. Ob freilich der also Fordernde selbst versteht, was er sagt, ob er eine klare Vorstellung von ›dem‹ Fortschritt hat, und ob er weiß, wie und wohin der Fortschritt sich bewegt, das ist sehr fraglich. Sicher ist nur, daß jemand, der sagt, es seien ›Fortschritte erzielt‹ oder auch nicht ›erzielt‹ worden, nicht weiß, daß er das Wort ›Fortschritt‹ metaphorisch gebraucht und sich zugleich des Metaphernmißbrauchs schuldig macht. Der ›Fortschritt‹ ist eine Art von ›Schritt‹ – und wer hat je gesehen, daß ein auf der Straße Schreitender einen seiner Schritte ›erzielt‹? Metaphernmißbrauch verrät, daß der Sprechende ein gebrochenes Verhältnis zur Sprache hat, und das läßt befürchten, daß auch sein Denken nicht ganz in Ordnung ist.

Gegen metaphorischen Sprachgebrauch ist nichts einzuwenden. Wer jedoch von ›dem‹ Fortschritt spricht, sollte sich überlegen, wen oder was er fortschreiten sieht; wer vom ›Fortschritt der Menschheit‹ spricht, sollte nicht vergessen, daß er ein riesiges Bild beschwört, das Bild der Menschheit, die, wie ich eingangs sagte, ihres Weges zieht. Und dieses Bild ist so groß, daß es ›den Rahmen sprengt‹ – die gesamte Menschheit ist unübersehbar. Die Metapher vom ›Fortschritt der Menschheit‹ ist daher so kühn, daß man sie auch unsinnig nennen könnte. Die Tatsache aber, daß es sie gibt, nährt den Verdacht, daß Yeats nichts Unsinniges sagte, als er vom Mythos des Fortschritts sprach.

Der Verdacht wird stärker, wenn wir das lateinische *progressus* betrachten, das als Substantiv zu dem Verbum *progredi* gebildet ist. Über die Wortbedeutung informiert jedes einschlägige Lexikon; hier sei nur festgestellt, daß beide Wörter prinzipiell wertindifferent sind. Die alten Römer verfielen nie auf die Idee, daß die Menschheit, einer Schar von Wallfahrern gleich, ›fortschreite‹, und daß der ›progressus‹ etwas sehr Schönes sei. Sie wußten andererseits, daß jemand in seiner Verrücktheit ›zu weit gehen‹ oder ›sich versteigen‹ kann, und für beide Fehlleistungen verwendeten sie das Verbum *progredi,* das zuweilen auch den Vorgang des ›Alterns‹ bezeichnet.

Sogar fortschrittlich Denkende könnten einsehen, daß dieser Sprachgebrauch etwas Vernünftiges hat, und auch sie könnten sich über den modernen Sprachgebrauch wundern, der den ›progressus‹ grundsätzlich mit ›Verbesserung‹ gleichsetzt.[33] Aus dem Wundern aber entsteht die Frage nach dem Wann und dem Warum: Wann beginnt der Glaube an den Fortschritt und wie erklärt es sich, daß ›Fortschritt‹ einen fast ausschließlich positiven Sinn erhält?

Yeats gibt dem Fortschritts-Mythos ein Alter von zweihundert Jahren. Das ist sicher nicht als exakte Datierung gemeint, verweist jedoch deutlich auf die Epoche, die wir ›Aufklärung‹ nennen, und das ist auch die Meinung der meisten Gelehrten, die sich mit der Geschichte der Fortschritts-Idee befaßt haben. Fortschritt und Aufklärung hängen zusammen; es läßt sich jedoch schwer entscheiden, welches von beiden Ursache und welches verursacht ist.[34] Aber noch im 17. und sogar noch im 18. Jahrhundert hält sich die ›klassische‹, wertindifferente Bedeutung von ›progressus‹; das Wissen, daß der Fortschritt zum guten und zum bösen Ende führen kann, ist noch lebendig.

Er kann auch zu einem Ende führen, dessen Wert (oder Unwert) problematisch ist. Das zeigt John Donne (1572 bis 1631) in dem Gedicht *The Progress of the Soul*, in dem er die Geschichte der (im übrigen nicht bekannten) Seele erzählt, die zuerst den Apfel bewohnte, den Eva im Paradies pflückte. Sie hält sich danach noch in verschiedenen Körpern auf; welcher ihr als letzter Aufenthaltsort zugedacht war, wissen wir nicht, denn das Gedicht ist Fragment geblieben. Wir können nur mit einiger Gewißheit annehmen, daß der letzte nicht so gut war, wie der erste – denn wo ist besser sein als im Paradies?[35]

Den Weg zum Paradies beschreibt John Bunyan (1628 bis 88) in *The Pilgrim's Progress* (1678), einem Erbauungsbuch, das, soviel mir bekannt, noch heute von Christenmenschen englischer Zunge viel gelesen wird. Daß dieser »Progress« gut und nichts als gut ist, bedarf keiner Erklärung; jeder Gläubige weiß es. Der gläubige Sozialist freilich weiß etwas anderes, und er weiß wie immer, alles besser; aber auch er will zum Paradies[36], ›zum Lichte empor‹, nur glaubt er nicht an Gott, sondern an den Menschen. Der Mensch freilich gerät leicht einmal auf die schiefe Ebene, und dann steht am Ende des Fortschritts das Elend. Das stellte der Maler William Hogarth in zwei Bildfolgen dar, die er *The Harlot's Progress* und *The Rake's Progress* nannte. Hogarth lebte von 1697 bis 1764; die von ihm gewählten Titel bezeugen, daß der moderne Glaube an den Fortschritt damals noch nicht von allen Gebildeten Besitz ergriffen hatte.

Aber er war schon im Entstehen begriffen. John Dryden etwa (1631–1700), der führende Literat seines Zeitalters, betonte oft und gern, daß dieses sein Zeitalter dem vorausgehenden, dessen große Dichter Shakespeare und Ben Jonson waren, nicht nur in nichts nachstand, sondern ihm in vielem überlegen war. Was Geist, Bildung und Kunstverstand anbetraf, so konnten, wie er meinte, die Damaligen den Heutigen nicht das Wasser reichen. Sie verfügten zwar über eine gesunde Naturbegabung, aber ihre Dramen mußten dem Publikum, an das er sich zu wenden die Ehre hatte, durch Bearbeitung schmackhaft gemacht werden. Derartiges erklärte er unter anderem in dem Essay, den er seiner eigenen Bearbeitung von Shakespeares *Troilus and Cressida* vorausschickte. Seiner Meinung nach hatte er dieses ungefüge Stück zu einem Kunstwerk zurechtgeschliffen. Spätere Generationen haben diese Meinung nicht geteilt, aber das heutige Publikum erfreut sich an Shakespeare-Bearbeitungen, die im Vergleich mit denen Drydens geradezu geschmackvoll wirken.[37]

Drydens Haltung gegenüber Shakespeare erinnert an die im Frankreich des 17. Jahrhunderts diskutierte Frage, ob die ›Alten‹ besser seien als die ›Neuen‹ oder umgekehrt, an die »Querelle des Anciens et Modernes«. Schon dadurch, daß die Frage gestellt wurde, sanken die ›Alten‹ von ihrer vorbildhaften Höhe herab und wurden von kritischen ›Modernen‹ auf ihre Fehler hin geprüft: ob zum Beispiel die Verfasser von Tragödien auch die ›Regeln‹ beachtet hätten, und diese Regeln, nahm man an, gelten zu jeder Zeit.[38] Stellte man nun fest, daß Sophokles von ihnen abgewichen sei, aber daß Racine sie stets beachtet hätte, so war die Überlegenheit Racines erwiesen. Nicht erweisen freilich ließ sich die universelle Gültigkeit der ›Regeln‹; man kann sie mit guten Gründen anfechten, und so ist sie auch angefochten worden[39]; Shakespeare hat die Regeln zwar mit Sicherheit gekannt, aber ignoriert, und auch er hatte mit Sicherheit gute Gründe dafür. Der Verdacht liegt nahe, daß die ›Modernen‹, die den ›Alten‹ Fehler vorwarfen und sie der Unvollkommenheit bezichtigten, zunächst einmal sich selbst für überlegen hielten und danach Beweise für die Richtigkeit ihrer Überzeugung fanden.

Wurde nun die »Querelle« zugunsten der ›Modernes‹ entschieden, dann erhielt das Wort ›modern‹ den leicht weihevollen Klang, den es auch heute noch nicht ganz verloren hat, obwohl inzwischen die ›Postmoderne‹ in Mode gekommen ist. Noch Ralf Dahrendorf ist überzeugt, daß der »lange Weg in die Moderne« zur geistigen Selbständigkeit, Rationalität und anderen wünschenswerten Eigenschaften führe, und dieser Weg sei eben der des Fortschritts. Von Haus aus freilich ist das Wort ›modern‹ genauso wertindifferent wie ›Fortschritt‹; es bedeutet so viel wie ›eben entstanden‹, ›zeitgenössisch‹ oder einfach ›neu‹, und nichts ist deswegen schon gut, weil es neu ist.[40] Das weiß, sollte man meinen, jeder, aber fortschrittliche Denker ziehen es vor, das allseits Bekannte nicht immer zu beachten.

Fortschrittliche Denker von heute – und deren gibt es genug – sehen ihre geistige Heimat in der Aufklärung und hegen Sympathien für die Französische Revolution, mit der, so Dahrendorf, die Moderne beginnt.[41] Dieser Beginn könnte mit 1793 markiert werden, denn in jenem Jahr schrieb Condorcet die »Skizze« der Fortschritte, die der menschliche Geist von seinen Anfängen bis zur Gegenwart hin gemacht hatte.[42] Damit erscheint die Französische Revolution als der Höhepunkt der Geschichte, und Condorcet hielt es für ausgemacht, daß der Weg der Menschheit sich nie wieder in das Tal, aus dem sie aufgestiegen war, zurückwenden würde – daß die Sonne der aufgeklärten Vernunft bald über die ganze Erde scheinen würde. So schloß er andachtsvoll und erbaulich, indem er auf die vorwärts Schreitenden schaute:

> Dieses Bild der Menschheit, die sich von allen Ketten befreit, die sich der Herrschaft des Zufalls so wie jener der Feinde des Fortschritts entzogen hat, die mit festem und sicheren Schritt auf der Straße der Wahrheit, der Tugend und des Glücks einherzieht: Dieses Bild gewährt dem Philosophen einen Anblick, der ihn tröstet für die Irrtümer, die Verbrechen, die Ungerechtigkeiten, die noch immer die Erde beflecken und denen er selbst noch so oft zum Opfer fällt.[43]

Der Philosoph aber, der dieses schreibt, befindet sich zusammen mit den ihm Gleichen (»avec ses semblables«) in einem Elysium, das er sich mit seiner Vernunft erschaffen hat. Seine Liebe zur Menschheit erfüllt ihn mit dem Gefühl reinsten Genusses; er hat das vollkommene Glück gefunden – zu dem die Menschheit allem Anschein nach noch hinstrebt.

Tatsächlich saß Condorcet damals in einem Haus in der Rue Servandoni, das sich zwischen dem Jardin des Luxembourg und der Kirche von Saint Sulpice befindet. Die Besitzerin, Madame Vernet, hatte ihn bei sich aufgenommen, womit sie *ihre* Menschenliebe – und ihren Mut – bewies; der Philosoph nämlich mußte sich vor der Polizei verstecken, weil er sich bei den regierenden Revolutionären mißliebig gemacht hatte. Ihm drohte der Tod durch die Guillotine. Es ist durchaus möglich, daß er Trost brauchte; er war selbst aktiv an der Revolution beteiligt gewesen und war nun einer von denen, die seinen ehemaligen Gefährten als ›böse‹ galten. Deswegen vielleicht blickte er nicht auf die Straße, wo Polizisten standen oder Menschen zur Hinrichtung eilten, sondern in eine imaginäre Zukunft, und deswegen verwandelte er das ihm gewährte Asyl in das von ihm erschaffene Elysium. Er schwebte ›in den Reichen süßer Träume‹ oder hatte, wie man heute gern sagt, ein ›gebrochenes Verhältnis zur Realität‹. Aber die Realität ließ sich nicht abweisen; er mußte flüchten, wurde verhaftet und starb im Gefängnis. Sein Schicksal gleicht dem Bucharins;[44] man könnte es ›tragisch‹ nennen. Ein Zyniker würde seiner Biographie den Titel ›The Revolutionary's Progress‹ geben.[45]

Auch der dem Zynismus Abgeneigte wird sich der Erkenntnis nicht verschließen, daß der aufgeklärte Philosoph Condorcet sich eine Art von ›künstlichem Paradies‹ zurechtmacht, nicht mit Opium oder Haschisch zwar, aber mit seiner Phantasie, und daß diese seine Phantasie von mythischen Elementen erfüllt ist. Da gibt es nicht nur die Metapher von der fortschreitenden Menschheit, die ohnehin, wie ich oben darlegte, den Rahmen eines Bildes sprengt und somit Mythos im Sinne der Yeats'schen Definition ist, sondern da wird das Bild zur Bewegung, und die Bewegung steht im wohlabgewogenen Gegensatz zur abgeklärten Ruhe des Philosophen, der mit den ihm Gleichen im Elysium sitzt so wie die Seligen in Abrahams Schoß. Zwar verrät das von ihm gewählte ›Elysium‹, daß man ihn sich mit einer Römertoga bekleidet vorstellen soll, aber er kommt von der Kirche nicht los, die er, der Aufklärer, verabscheute; ihre Lehren hat er behalten und damit den christlichen Mythos. In der messianischen Weissagung heißt es: »Das Volk, das im Finstern wandelt, sieht ein großes Licht«[46] – damit ist das Grundschema des Fortschritts-Mythos gegeben. Bei Condorcet freilich ist die Finsternis dem Tag bereits gewichen, aber nur im revolutionären Frankreich, und daß es auch dort einmal finster war, nämlich im Mittelalter, daran zweifelte er als Aufklärer nicht. Und wie im christlichen Mythos das ›Volk‹, so hat im Fortschritts-Mythos die ›Menschheit‹ ›Feinde‹, die zwar gefährlich sind, aber – buchstäblich – letzten Endes weichen müssen, besiegt, verdammt, unterworfen, versklavt – je nachdem. Einzelheiten können verändert werden, das Schema bleibt. Ein Unterschied allerdings ist gewichtig: im christlichen Mythos ist Gott der Herr der Geschichte, er weiß, wohin sein Volk zu gehen hat, denn er überschaut alles. Im Fortschritts-Mythos löst sich der Glaube an Gott auf und wird zum Glauben an die Vernunft, welche sich das Ziel nur vorstellt.

Der Glaube an die Vernunft ist nicht unbedingt vernünftig; die Verachtung des Mythos, die fortschrittlich Denkende äußern, ist sicher unvernünftig – denn man sollte nicht das verachten, wovon man sich (geistig) ernährt. Wer seinen Lesern rät, den »langen Weg in die Moderne« einzuschlagen und sie dabei von den »Mythen« zu den »Realitäten« führen will, der steckt selbst im Mythos, denn er teilt sich in mythischer Sprache mit.[47] Außerdem verrät er, daß er sich nie in der Mythenforschung umgesehen hat; er weiß anscheinend nicht einmal, daß ›Mythos‹ eine Reihe von Bedeutungen hat, unter anderen die von ›Erzählung‹. Seiner Meinung nach ist jeder Mythos eine Art von Hirngespinst – oder meint er gar, daß alle Erzählungen bloße Hirngespinste seien? Dann würde er nicht nur berühmte literarische Werke verurteilen, sondern auch die Bibel, die in der Hauptsache aus erzählten Geschichten besteht. Sie enthält auch Vorschriften, Gebote und Verbote, aber ob sich aus ihnen ein System der Ethik konstruieren läßt, ist fraglich, und gewirkt haben auf jeden Fall die Geschichten, die man vorlesen, nacherzählen und bildlich darstellen kann. Freilich ist die Bibel keine Folge von Romanen oder Novellen, die vom Alltäglichen, vom Nur-Menschlichen handeln; mythische Erzählungen sind – schon für die Griechen – solche, die das Fernliegende vertraut machen, etwas Geheimnisvolles erhellen und damit den Menschen helfen, sich im Leben zurechtzufinden. Wer nun glaubt, daß allein die wissenschaftliche Rede der Orientierung dienen könne, oder wer glaubt, daß nur das Alltägliche und Nur-Menschliche wirklich sei, der würde diese Art von Erzählungen am liebsten verstummen lassen; er will ›nichts davon wissen‹. Weil er aber davon nichts wissen will, weiß er vieles nicht, das er wissen könnte. Er bemerkt nicht, daß er selbst sein mythologisches Spiel treibt, wenn er den Zufall auf den Weltenthron setzt oder dem Fortschritt der Menschheit zuschaut. Er wird zum ›mythologue malgré lui‹.

Niemand, der überhaupt spricht, entzieht sich dem Mythos ganz.[48] Und niemand kommt ohne das aus, was heute meist, nicht sehr glücklich, als das ›Übernatürliche‹ bezeichnet wird. Der fortschrittliche Aufklärer fühlt sich frei, aber er braucht jemanden, der ihm sagt, wohin er fortschreiten soll, der ihm den Weg zeigt. Dabei genügt es nicht, daß man ihn auf die ›Straße der Wahrheit, der Tugend und des Glücks‹ verweist, das ist zu allgemein; der zum Fortschritt Willige bedarf genauerer Vorschriften. Die aber kann nur ein Mensch geben, der insoweit einem Gott gleicht, als er den Weg überschaut, und dazu muß er ›oben‹ stehen. Er kann, statt zu stehen, auch marschieren, aber immer an der ›Spitze‹, denn nur dann blickt er weit genug. Der ›oben‹ Stehende hat etwas vom Olympier an sich; der an der ›Spitze‹ Marschierende erfüllt die Funktion des Führers, dem die Massen folgen und zujubeln.[49]

Die Massen sind nötig, damit der Mythos vom Fortschritt seine Kraft entfaltet. Wer allein fortschreitet, etwa auf dem ›Pfade der Erkenntnis‹, kann in Zweifel verfallen. In der Masse werden die Zweifel weggespült, besonders in einer marschierenden Masse, die mit ihren konkreten Bewegungen den Fortschritt symbolisiert. Dann erklingen Lieder, die als Kulthymnen des Fortschritts-Mythos zu verstehen sind, aber von den Singenden nur sehr vage, nämlich ›irgendwie symbolisch‹, verstanden werden, wie zum Beispiel das alte Sozialistenlied:

Brüder, zur Sonne, zur Freiheit!
Brüder, zum Lichte empor!

Das ist nicht wörtlich gemeint; jeder Mensch weiß, daß man der Sonne nicht zu nahe kommen darf, und das und noch einiges andere besagt der Mythos von Ikarus, an den hier niemand denken soll. Was sich der Dichter dieser Verse bei der Niederschrift gedacht hat, ist nicht bekannt; sicher aber dachte er, daß der Weg nach oben zum Kampf und zum Sieg führen würde, denn seine Hymne endet:

Ewig der Sklaverei ein Ende!
Heilig die letzte Schlacht!

Er war ein Gläubiger, der hoffte und überzeugt war, daß er auf keinen Sand gebaut hatte, ähnlich wie die guten Christen, die mit ihrem Hoffen und Glauben für alle Fortschrittlichen vorbildlich sind.

Der Weg zum Sieg freilich ist noch weit, und es gibt hie und da Kleingläubige, die leise vor sich hinmurmeln: »Hoffen und Harren macht manchen zum Narren.« An sie wendet sich eine andere Kulthymne:

Aufhebt unsre Fahnen
In den frischen Morgenwind!
Laßt sie wehn und mahnen
Die, die müßig sind!
Wo Mauern fallen,
Baun sich andre vor uns auf,
Doch sie weichen alle
Unserm Siegeslauf.

Auch dieses Lied wurde von Sozialisten gesungen, aber von solchen, die den Internationalismus ablehnten und sich daher ›National-Sozialisten‹ nannten. Man möchte ihnen heute vielfach den Sozialismus absprechen; daß sie selbst als Sozialisten auftraten, ist eine historische Tatsache. Es läßt sich nicht leugnen, daß manche ihrer Lieder von einer fortschrittlichen Gesinnung zeugen, die der anderer Sozialisten ähnlich ist. Der von den National-Sozialisten vorgesehene Fortschritt führte in eine besondere Richtung, aber grundsätzlich vorwärts. Mit »Vorwärts! Vorwärts!« setzte die Hymne der Hitler-Jugend ein; genau dasselbe Wort steht auf der Titelseite einer alten (nicht immer bewährten) SPD-Zeitung; in meiner Jugend gab es einen sozialistischen Konsum-Verein ›Vorwärts‹, und wer heute durch die Deutsche Demokratische Republik fährt, kann allenthalben auf Spruchbändern ›Vorwärts‹ lesen – vorwärts zu irgend etwas, zu einem Parteitag, zu einem Treffen, immer zu Ereignissen, die nach menschlichem Ermessen in nächster Zukunft stattfinden werden, auch ohne daß jemand ›Vorwärts‹ ruft.

Man kann daher sagen, daß der National-Sozialismus ein – im wahren Sinne des Wortes – Konkurrenz-Unternehmen zum internationalen Sozialismus war. Ein anderes Konkurrenz-Unternehmen war der italienische Faschismus, der sich auch auf die Nation konzentrierte und das internationale Proletariat, die Klasse der Arbeiter als ganze, nicht beachtete. Aber sowohl die Faschisten als auch die National-Sozialisten appellierten auch an die Arbeiter, die ja nicht nur einer Klasse, sondern jeweils auch einer Nation angehören und, wie der Erste Weltkrieg gezeigt hatte, vielfach die Nation höher stellten als die Klasse. So hatten beide Appelle Erfolg, der, wie man weiß, von kurzer Dauer war, für die internationalen Sozialisten jedoch als eine schlimme Überraschung kam, denn er war in der Lehre des wissenschaftlichen Sozialismus nicht vorgesehen.

Nachdem Mussolini die Macht ergriffen hatte, versammelte sich in Moskau eine illustre Schar sozialistischer Theoretiker und ließ sich von der berühmten deutschen Klassenkämpferin Clara Zetkin über den »Kampf gegen den Faschismus« belehren. Frau Zetkin sah der an sich »unmöglichen Tatsache«, das Arbeiter zum Faschismus übergelaufen waren, mutig und gefaßt ins Auge; sie gab zu, »daß der Faszismus eine zündende, mitreißende Wirkung auf breite soziale Massen ausübt«, aber sie hätte, wäre sie konsequent gewesen, auch zugeben müssen, daß nicht alle Arbeiter mit dem »richtigen Bewußtsein« ausgestattet sind. »Tausendköpfige Massen strömten dem Faszismus zu« – wie stand es mit ihrem proletarischen Bewußtsein? Verfügten sie etwa über kein solches? Clara Zetkin meinte, sie seien »vom Faszismus berauscht und vergiftet« worden – aber ist das eine wissenschaftliche Erklärung und nicht vielmehr eine sehr klägliche Hypothese? Eine Hypothese, die immer noch Zweifel am richtigen proletarischen Bewußtsein vieler Proletarier erweckt? Wer gierig den faschistischen Rauschtrank schlürft, kann ja wohl nicht recht bei Sinnen sein.

In ihrer Not trat die Rednerin die Nachfolge Christi an, indem sie ihre Hörer aufforderte, den arbeitenden Massen »die frohe Botschaft vom erlösenden Kommunismus« zu bringen. Sie selbst übernahm die Rolle des Heilands, ihre Hörer stilisierte sie zu Jüngern und schickte sie hinaus in alle Welt. Das entbehrt nicht der Komik – die Atheistin erweist dem Gott, an den sie nicht glaubt, dadurch ihre Reverenz, daß sie sich mit einem Stück seines Mythos schmückt. Glaubt sie, was sie sagt? Am Schluß verfällt sie ins Schwärmen:

> Über dem Chaos der heutigen Zustände wird sich die Riesengestalt des Proletariats mit dem Rufe aufrekken: Ich bin der Wille! Ich bin die Kraft! Ich bin der Kampf, der Sieg! Mir gehört die Zukunft.[50]

Der Rednerin dankte »stürmischer, langanhaltender Beifall«, die Versammelten erhoben sich und sangen die ›Internationale‹. Zwölf und mehr Jahre später sang man in Deutschland bei ähnlicher Gelegenheit das ›Horst-Wessel-Lied‹. Beide Kulthymnen gleichen sich darin, daß sie das Ziel des Fortschritts antizipieren:

> Die Internationale erkämpft das Menschenrecht!

Und:

> Der Tag für Freiheit und für Brot bricht an!

Das Bild des Riesen aber, das Clara Zetkin beschwört, läßt erwarten, daß es vor Erreichung des Ziels sehr hart hergehen wird. Wenn »zum letzten Gefecht« geblasen wird, da »gibt's Vergeltung, kein Vergeben«.[51]

Da die verschiedenen Fortschreitenden verschiedene Ziele anstreben, ist es unvermeidlich, daß die Konkurrenz zum Kampf wird. Jede von der Idee des Fortschritts begeisterte Gemeinschaft schreitet auf dem einzig richtigen Wege, der etwas altmodisch als der Weg ›der Wahrheit, der Tugend und des Glücks‹ verstanden wird; aber Wahrheit, Tugend und Glück sind nicht überall dasselbe. So kann niemand fortschreiten, ohne ›Feinde‹ zu haben, wie schon Condorcet wußte. Als militanter Aufklärer zog er mit dem Schlachtruf »Écrasez l'infâme!« ins Feld[52]; außer den Priestern bekämpfte er die Könige, übersah dabei jedoch, daß auch Priester und Könige Menschen sind. Alle ›Feinde‹ des Fortschritts gehören der Menschheit an. Wie kann man also behaupten, für die Sache der Menschheit zu streiten, wenn man den Streit mit einem Sieg über Menschen beenden will? Kann man dann behaupten, von Liebe zur Menschheit erfüllt zu sein? Manche von denen, die so reden, helfen sich mit einem Trick – sie nennen die Feinde ›Unmenschen‹. Dieser Trick ist besonders bei Kommunisten beliebt, für sie sind Faschisten, Kapitalisten, Imperialisten fast *per definitionem* ›unmenschlich‹; die National-Sozialisten bevorzugten die Vokabel ›Untermenschen‹, die den gleichen Dienst tut. Man degradiert damit den anderen Menschen nicht etwa zum Tier, sondern zu einem unbestimmbaren und eben deswegen verabscheuungswürdigen Wesen, das vernichtet werden darf, wenn nicht sogar vernichtet werden muß, unbedingt aber in Schranken zu halten ist.

Da nun die ›Feinde‹ des Fortschritts oft selbst für den Fortschritt sind (Kapitalisten sind prinzipiell fortschrittlich), ist die prätendierte Liebe zur Menschheit gewöhnlich ein ›Gruppenegoismus‹ und, wenn überhaupt Liebe, dann Liebe zu einem Teil der Menschheit, nämlich zur eigenen Partei. Jede Partei ist, wie das Wort besagt, ein Teil von etwas; es gab aber und es gibt noch Parteien, die ein Ganzes nicht nur repräsentieren, sondern vor allem beherrschen wollen. Die jeweils Fortschrittlichen nun bilden jeweils eine Partei, die den ganzen Erdkreis beherrschen will; wenn es einmal so weit ist, wenn nach dem siegreichen Ende des »letzten Gefechts« nur noch das Proletariat herrscht (und zwar in der Weise, daß niemand herrscht), dann kann man auch die ganze Menschheit lieben. Daß viele Menschen mit dieser Konzeption nicht einverstanden sind, begreift sogar ein Fortschrittsgläubiger. Und für viele Menschen hat die Fortschritts-Idee keinen Reiz; vielen, sehr vielen, war sie unbekannt, als Condorcet seine *Esquisse* schrieb, und das wußte auch er. Als ein Fortschritts-Gläubiger jedoch verfügte auch er über die (ursprünglich christliche) Tugend der Hoffnung, und so verkündete er, daß auch in Afrika und Asien das Licht der Vernunft scheinen würde. Freilich würden im Zug dieser Aufklärung einige wilde Völkerschaften ganz verschwinden, aber das würde nicht weiter auffallen.[53]

Die Vorhersage hat sich erfüllt; nur nicht ganz so, wie sie gemeint war. Der Fortschritts-Mythos, der von aufgeklärten Weißen exportiert worden ist, hat eine unübersehbare Zahl von Gläubigen gefunden und hat eine wahrscheinlich kaum geringere Zahl von Opfern gefordert. Und diese Opfer sind nicht ganz unbemerkt geblieben, schon deswegen nicht, weil die aufgeklärten und fortschrittlichen Weißen die ›wilden‹ Bewohner der von ihnen okkupierten Länder oft sehr zielstrebig ausgelöscht haben.

Wer sich Liebe zur Menschheit attestiert, der müßte alle Menschen so lieben wie sie sind, und das vermag vielleicht kein Mensch; wer aber alle zu lieben vorgibt und seine ›Feinde‹ zu Unmenschen oder Untermenschen degradiert, der erleichtert sein Gewissen, indem er sich bemüht, das, was er weiß, nicht zu wissen. Dabei hilft ihm die Sprache, die einen als wahr gewußten Sachverhalt verfälscht. Auch der fortschrittliche Revolutionär weiß, daß Könige Menschen sind; auch der europäische Siedler weiß (oder wußte), daß Indianer nicht ›wild‹ sind, aber mit dem Wort rechtfertigt er die Grausamkeit, die er verwirft, wenn sie ihn selbst und die Seinen betrifft. Wenn das Bemühen, das als wahr Gewußte nicht zu wissen, Erfolg hat, dann ist der Zustand erreicht, der im Französischen ›la mauvaise foi‹ heißt. Jean-Paul Sartre hat die ›mauvaise foi‹ ebenso gründlich wie scharfsinnig analysiert; seiner Analyse ist nichts hinzuzufügen.[54]

Da wir meist etwas wissen, das wir gern nicht wüßten, läßt sich das Leben ohne ›mauvaise foi‹ schwer ertragen; der fortschrittlich Denkende könnte oft gar nicht weiter denken, wenn er sich nicht in die ›maivaise foi‹ flüchtete. Clara Zetkin, die geschulte Marxistin, vollbrachte eine große geistige Leistung, wenn sie ›den Tatsachen ins Gesicht sah‹ und konstatierte, daß Proletarier in Massen dem Faschismus anhingen, aber es war ihr unmöglich, eine andere, sehr einfache und anderen Leuten bekannte Tatsache zu akzeptieren: nämlich die, daß nicht alle Proletarier mit dem gleichen und ›richtigen‹ Bewußtsein ausgestattet sind. Sie konnte nicht zugeben, daß nicht alle Proletarier so denken, wie es ›im Buche‹

(nämlich bei Marx) steht – obwohl sie das sehr gut wußte. Denn warum schickte sie ihre Hörer aus, um den arbeitenden Massen »die frohe Botschaft vom erlösenden Kommunismus« zu bringen? Machte sie nicht damit die Proletarier zu einer Herde von Lämmern, die der guten Hirten bedürfen, weil sie von allein nicht den rechten Weg finden? Sie wußte sehr gut, daß die Proletarier geführt werden müssen, denn sie hatte selbst eine führende Position in der Partei inne, aber sie durfte das nicht wahrhaben. Deswegen ließ sie die »Riesengestalt des Proletariats« aufstehen und einige Sätze schreien, die sie selbst vielleicht als unsinnig erkannt hätte, wenn sie nicht aus dem Munde ihrer Märchenfigur kämen. Denn kein Mensch, sei er auch noch so riesigen Wuchses, kann zugleich *der* Kampf und *der* Sieg sein, und keinem Menschen gehört die Zukunft, nicht einmal den Mitgliedern der »revolutionären Klasse«, welche, wie Marx behauptet, »die Zukunft in ihren Händen trägt«.[55] Das ist nur eine Metapher, und dazu noch eine mißglückte. Es sollte allgemein bekannt sein, daß die Zukunft nicht da ist, sondern, wie ihr Name besagt, auf uns zukommt; das aber, was nicht da ist, kann man weder besitzen noch in oder auf den Händen tragen. Man kann Besitzansprüche auf Zukünftiges anmelden, aber der Besitz ist damit noch nicht garantiert; die Zukunft ist ein Aspekt der Zeit (eine von den drei Ek-stasen der Zeitlichkeit, wie es bei Heidegger und Sartre heißt).[56] Und die Zeit, sagt Machiavelli, bringt alles Mögliche mit sich, Gutes und Schlechtes, Erwünschtes und Unerwünschtes.[57] Das wissen wir alle, die meisten würden es gern vergessen. Vielen gelingt es, das Gewußte zu vergessen und dann schreien sie, wenn sie in einen Kampf ziehen: ›Mein ist der Sieg!‹ – wobei sie übersehen, daß der Sieg erst nach dem Ende des Kampfes feststeht. Vorher ist er etwas Zukünftiges, und das Zukünftige steht nie fest, auch wenn wir uns gewohnheitsmäßig so verhalten, als ob es schon feststünde.

Die Zukunft ist kein Land, in das man, wie es die Hitler-Jugend vorhatte, ›Mann für Mann‹ marschieren kann. In ihr ›liegen‹ darum keine Ziele, denn in ihr ›liegt‹ überhaupt nichts, genauso, wie nichts in ihr ›steht‹ oder gar ›feststeht‹. Ziele stellt man sich vor, manchmal mit so vielen Einzelheiten, daß man sie vor Augen zu haben meint. Der Bausparer stellt sich das Haus vor, in das er nach Jahren fleißigen Sparens einziehen möchte – aber dann kommt etwas dazwischen. Napoleon stellte sich vor, daß nach seinem Einzug in Moskau die Abgesandten des Zaren kommen würden, um mit ihm über den Frieden zu verhandeln – aber es kam niemand, und dann kam alles anders. Ziele, die tatsächlich erreicht worden sind, überraschen oft damit, daß sie anders sind, als man sich vorgestellt hat – oder sie geben den Blick auf neue Ziele frei; auch Ziele, die man schon kennt und nur wiedersehen will, Städte zum Beispiel, warten oft mit Überraschungen auf, nicht selten mit unangenehmen. Städte verändern sich ebenso wie die Menschen; daher kann das, was gestern gefiel, heute Mißfallen erregen.

Das alles ist bekannt, das alles ist schon oft gesagt worden, denn wer macht nicht die Erfahrung des vergeblichen Suchens? Wer ist nicht enttäuscht worden? Niemand freilich ist gegen das Getäuscht-Werden gefeit:

> Singulière fortune où le but se déplace,
> Et, n'étant nulle part, peut être n'importe où!
> Où l'Homme, dont jamais l'espérance n'est lasse,
> Pour trouver le repos court toujours comme un fou![58]

Ein Fortschrittsgläubiger, der diese Zeilen läse, würde vielleicht zustimmend mit dem Kopf nicken – um gleich darauf sein altes Liedchen anzustimmen: ›Wir werden weiter marschieren!‹

Die Ziele des Fortschritts sind verschieden, die Braunen

marschierten nicht in die gleiche Richtung wie die Roten, aber alle marschieren vorwärts, und die Soldaten der Nationalen Volksarmee könnten im vollen Bewußtsein ihrer Würde singen: ›Wir sind der Zukunft Soldaten‹ – so wie früher die Hitler-Jugend. Aber die Zukunft, in die hinein marschiert wird, hat nicht den Charakter des Zukünftigen, sondern liegt schon fest. Sie ist der nach vorn verlängerte Standpunkt des Fortschrittlichen, eine gerade Linie, von der nicht abgewichen werden darf.

In den sozialistischen Staaten, die sich zum Marxismus bekennen, heißt diese Linie ›die Parteilinie‹; sie wird aber nicht von der ganzen Partei gezogen, sondern von einem kleinen Gremium oder gar von einem Großen, den die Massen als Führer, Vorsitzenden, Wegweiser etc. zu verehren haben. Er und seine Mitarbeiter sorgen dafür, daß nichts Unvorhergesehenes auf den Staat zukommt, und deswegen wird die Herrschaft der Partei, ihrer jeweiligen Führer, gesichert. Das einzige, was noch kommen darf (weil richtig vorhergesehen), ist die klassenlose Gesellschaft, in welche der Staat abstirbt. Allerdings weiß niemand, wie das Absterben vor sich geht, so daß auch niemand weiß, wie die klassenlose oder kommunistische Gesellschaft hergestellt wird. Marx hat keine Anweisungen gegeben, darum entschied sich Lenin »gegen die kommunistische Gesellschaft« und für einen Staat, der nicht weniger Staat ist als andere.[59]

Der Fortschrittliche, der sich auf einen Standpunkt stellt, tut etwas, das er sich selbst verbieten müßte, und wenn er gar auf seinem Standpunkt beharrt, wird er zum Konservativen. Dann versucht er, das ›Errungene‹ zu bewahren und flucht jedem, der das Rad der Geschichte, das im Fortschritts-Mythos keinen Platz hat, zurückzudrehen wagt. Er bemüht sich, den Gang der Geschichte anzuhalten, die Zukunft abzuschaffen und die Zeit stillstehen zu lassen, aber das vermag auch der mächtigste Diktator nicht, denn als

Handelnder ist er in der Zeit und ihr unterworfen. Und die Zeit bringt Überraschendes mit sich; das wissen wir und werden trotzdem überrascht: gegenwärtig von der *Perestroika,* die manchem altgedienten Kommunisten ein Ärgernis ist. Dieses russische Wort, das den meisten von uns heute geläufig ist, heißt soviel wie ›Umbau‹, ist also eine Metapher, die vielleicht eine nicht beabsichtigte Sprengkraft enthält. Wer nämlich sein Haus umbaut, kann schadhafte Stellen entdecken, die er nicht vermutet hat, und er wird sich dann gezwungen sehen, mehr und gründlicher umzubauen, als er sich vorgenommen hat. So könnten die Umbauer des sozialistischen Staatsgebäudes bemerken, daß die Grundlage, der Marxismus-Leninismus[60], morsch geworden ist; daß sie ein neues Fundament brauchen, und das würde vielleicht dazu führen, daß die Kommunistische Partei auf ihre führende Rolle verzichtet und zu einer Partei neben anderen wird. Dann würde die Sowjet-Union diejenige Staatsform erhalten, die bei uns im Westen ›Demokratie‹ genannt wird. Es versteht sich, daß die westlichen Medien dann Jubelhymnen anstimmen würden; leise Töne des Frohlockens sind schon jetzt vernehmbar.

Wir sollten jedoch nicht übersehen, daß zwar überall auf der Welt die Demokratie als das *non plus ultra* gefeiert wird, daß aber nicht alle dasselbe meinen, wenn sie ›Demokratie‹ sagen. Auch Lenin wollte einen demokratischen Staat; er meinte damit einen Staat, in dem das Volk die Freiheit hat, hin und wieder den Beschlüssen der Regierenden zuzustimmen.[61] Nach diesem Prinzip werden die Wahlen in der Deutschen Demokratischen Republik veranstaltet; die Wähler wählen nicht, sondern bestätigen, was sie nicht ändern können. Da nun das Wort ›Demokratie‹ nicht urheberrechtlich geschützt ist, kann jeder das ›demokratisch‹ nennen, was ihm paßt, und außerdem können sich östliche und westliche Demokraten leicht darüber einigen, daß die Demokratie erstrebenswert sei, sich anschließend umarmen und danach ein ›Papier‹ herausgeben, aus dem hervorgeht, daß sie alle gute Menschen sind und beileibe keine Faschisten.

Selbst wenn also die Sowjet-Union ihre Grundlagen einer *Perestroika* unterzöge, würde die Kommunistische Partei nicht zwangsläufig andere Parteien neben sich dulden; sie könnte nach wie vor behaupten, auf dem richtigen Weg zu sein und das allein wünschenswerte Ziel schon jetzt zu kennen. Es bestünde dann kein Anlaß, diesen Staat als ›undemokratisch‹ zu verurteilen – denn wer bestimmt, daß nur der Mehrparteienstaat demokratisch genannt werden darf? Sicher ist, daß alle Demokraten in der Demokratie die Staatsform sehen, die grundsätzlich nicht mehr verändert werden darf, also eben das *non plus ultra*. Jeder Schritt über die Demokratie hinaus wäre in ihren Augen kein Fortschritt, sondern ein Rückschritt oder gar ein Rückfall – ein Rückfall ins Mittelalter, ein Rückfall in die Barbarei, ein Erstarken der Reaktion, neokonservativer Kräfte usw.[62] Der Glaube an den Wert der Demokratie ist heute so stark, so inbrünstig, daß sogar die Frage, was nach der Demokratie komme, als frevelhaft empfunden würde, wenn jemand sie zu stellen wagte.

Aber wir haben allen Grund, sie zu stellen, denn die Demokratie ist bedroht – nicht von den bösen Faschisten, sondern von der als ›Gentechnik‹ bezeichneten Wissenschaft. Ihre Vertreter sind wahrscheinlich, so wie alle oder jedenfalls die meisten Wissenschaftler, von gutem Glauben erfüllt, wollen den Menschen, der Menschheit überhaupt, dienen; aber es zeichnet sich die Möglichkeit ab, daß sie Menschen nach Programm herstellen können. Wenn diese Möglichkeit zur Wirklichkeit wird – wer programmiert dann? Die Wissenschaftler oder die Politiker, die friedfertige und manipulierbare Untertanen brauchen? Dann wäre die Demokratie, wie wir sie verstehen, erledigt, und die Zustimmungsdemokraten Leninscher Prägung würden als vergleichsweise freie Menschen erscheinen. Ob die nach wissenschaftlichen Methoden verfertigten Lebewesen ›Menschen‹ genannt werden können und dürfen, läßt sich wohl nicht allgemeinverbindlich entscheiden. Aber vielleicht ist der Fortschritt der Wissenschaft unaufhaltsam. Dann, müssen wir annehmen, erreicht die Menschheit einen Zustand, der dem gleicht, den Aldous Huxley in *Brave New World* antizipierend beschrieben hat.[63]

Was nach diesem Zustand kommt, ob noch etwas nach ihm kommt und auf ihn zukommt, wissen wir nicht; er könnte der letzte sein, auf den nichts mehr folgt. Das Ende ist gewiß, und es ist nicht zukünftig, sondern immer schon da, so wie der Tod immer schon da ist. Alles, was entsteht, muß vergehen; der Anfang enthält das Ende.

Der Fortschritts-Mythos konzipiert die Zeit als eine Linie, die aus dem Dunklen kommt und sich letztlich im Dunklen verliert. Auch wenn die Menschheit einmal auf der höchstmöglichen Höhe ankäme, so kann sie dort nicht ewig bleiben. Das weiß sogar der Gläubige, obwohl er sich bemüht, das Gewußte zu ignorieren, und wenn es ihm nicht gelingt, das Dunkel zu erhellen, dann ist der ganze Fortschritt der Menschheit ein Sturz aus dem Nichts ins Nichts – ein Zwischenfall, der im Ganzen des Kosmos so irrelevant ist wie ein Streichholz, das in einer Millionenstadt aufflammt und wieder erlischt. Dieser Zwischenfall könnte auch ein Zufall sein, ein Geschehen, von dem man nur sagen kann, daß es eben geschieht, ohne irgendeinen Grund. Die lineare Zeit, die, einer Sternschnuppe gleich, aus dem Dunklen ins Dunkle rast, hat keinen Grund; die kreisende Zeit gründet sich, wie wir eingangs sahen, auf die unbewegte Dauer der Ewigkeit. Der Fortschrittsgläubige kann nicht aus der Zeit heraustreten; seine Bemühungen, sie anzuhalten, sind vergeblich. Er wird von ihr mitgerissen und steigert, als gälte es ein Wettrennen, seine Geschwindigkeit – vielleicht ist es die

Angst vor dem Ende, die ihn immer schneller zum Ende hetzt. Der Mythos der Wiederkehr erlaubt ein Auftauchen aus dem Strom der Zeit oder, denn auch hier ist der Weg hinauf und hinab ein und derselbe, ein Hinabtauchen auf den Grund; Techniken sind ausgebildet worden, die den, der sie zu praktizieren versteht, das zeitlose Jetzt erfahren lassen. Deswegen wohl sagte Yeats, der Mythos der Wiederkehr sei dem »Seelenheil« förderlich[64]; wer ihn sich zu eigen macht, berührt das Sein, das im Fortschritts-Mythos zerstiebt, und er kann in der Anschauung des Ganzen verweilen. Goethe hat es vermocht:

> Wenn im Unendlichen dasselbe
> Sich wiederholend ewig fließt,
> Das tausendfältige Gewölbe
> Sich kräftig ineinander schließt,
> Strömt Lebenslust aus allen Dingen,
> Dem kleinsten wie dem größten Stern,
> Und alles Drängen, alles Ringen
> Ist ewige Ruh in Gott dem Herrn.[65]

Anmerkungen

Der Verfasser hat sich grundsätzlich an den Originalen kundig gemacht. Übersetzungen stammen, wenn nicht anders angegeben, vom Verfasser selbst.

I Wissenschaft in Verlegenheit

1 *Galgenlieder,* »Die Wissenschaft«, S. 119.

2 ›Paläontologie‹ ist zusammengesetzt aus ›palaios‹ = ›alt‹, ›on‹ = ›seiend‹ und ›logia‹, das von ›logos‹ = ›Wort‹, ›Rede‹ abgeleitet ist und mit ›Kunde‹ übersetzt werden kann.

3 Auch ›archaios‹ heißt ›alt‹, es gehört als Adjektivum zum Substantivum ›arché‹ = ›Anfang‹.

4 *Intelligenzen im Kosmos? Die Antwort der Evolutionsbiologie,* S. 156.

5 Erwin Chargaff, der als Biochemiker sachkundig ist, meint, daß die Biologie einen Gegenstand hat, den sie überhaupt nicht definieren kann. *Das Feuer des Heraklit,* S. 220.

6 Howard, *The State of the Language. English Observed.*

7 op. cit., S. 10.

8 ibid., S. 92. Das unklare »hier« bezieht sich vermutlich auf Poppers *Logik der Forschung.* Es geht darin u. a. um die Unterscheidung von ›Wissenschaft‹ und ›Metaphysik‹, wobei die Metaphysik als Nichtwissenschaft verstanden wird. Dazu ist unten noch einiges zu sagen.

9 So Andrew Lang in *The Making of Religion,* S. 2 pass.

10 *An Essay on Metaphysics,* S. 4.

11 *Das Unbehagen in der Kultur,* S. 209.

12 Vgl. *Tristram Shandy,* II, 3: »Endless is the search of Truth.«

13 *Ein Held unserer Zeit,* S. 45.

14 *Manfred,* vv 10 ff.

15 Vgl. hierzu Georg Simmel, *Lebensanschauung. Vier metaphysische Kapitel,* S. 101.

16 A. J. Ayer, *The Central Questions of Philosophy,* S. 34: »The distrust of metaphysics which has been a feature of recent philosophy ...«.

17 *Language Truth and Logic,* s. S. 27 und Anm. 21.

18 *Phänomenologie,* S. 5.
19 Vgl. hierzu das erste Kapitel von Collingwoods *Essay:* »Aristotle's Metaphysics«.
20 S. 115 ff. (»L'être-pour-soi«); ähnliches findet sich in F. H. Bradley, *Appearance and Reality,* S. 89 ff.
21 R. G. Collingwood bringt Ayers These auf die Formel: »Any proposition which cannot be verified by appeal to observed facts is a pseudo-proposition. Metaphysical propositions cannot be verified by appeal to observed facts. Therefore metaphysical propositions are pseudo-propositions, and therefore nonsense.« *Essay on Metaphysics,* S. 162 ff. Da diese These sich selbst *ad absurdum* führt, begeht sie, wie Collingwood kommentiert, »öffentlich Selbstmord« (»public suicide«). Sie ist, wenn auch nicht in dieser knappen Form, enthalten in *Language Truth and Logic.*
22 Daß »facts« geschichtlich sind, zeigt Collingwood, op. cit., S. 145.
23 *Central Questions,* S. 26: »Someone who prays for rain and sees it subsequently fall may treat his observation as a reason for accepting the proposition that God exists.«
24 op. cit., S. 49 ff. und passim.
25 Fr. 30 (Diels).
26 op. cit., S. 175, 169.
27 ibid., S. 173.
28 *L'evolution créatrice* erschien zuerst 1907 und wurde sehr oft wieder aufgelegt; Bergson war Mode, ist aber heute in den Hintergrund getreten. Mir scheint, daß man ihn nicht vergessen sollte.
29 Jacques Monod, *Zufall und Notwendigkeit,* S. 38. Ich zitiere nach der deutschen Übersetzung, habe sie aber mit dem Original verglichen.
30 *Die Erfindung der Realität,* S. 31 ff.
31 Vgl. Ayer, *Central Questions,* S. 1 ff. und S. 211 ff.
32 *Summa Theologica* I, quaestio secunda, articulus tertius. Thomas fragt, ob Gott sei (»Utrum Deus sit«) und antwortet, daß es fünf ›Wege‹ gibt, das Sein Gottes zu beweisen. Der erste geht von der Bewegung aus (»ex parte motus«) und kommt mit Notwendigkeit (»necesse est«) zu einem ersten Bewegenden, das von keinem (»nullo«) bewegt wird; und ›das verstehen alle als Gott‹ (»et hoc omnes intelligunt Deum«). ›Alle‹ sind wohl nur die, die dieser Argumentation zu folgen verstehen, und sie stellen nicht die unsinnige Frage, ob Gott ›existiere‹.
33 Erben, op. cit., S. 173.
34 op. cit., S. 179.

35 *Ein Sommernachtstraum*, V, 1, 12 ff. (Übers. Schlegel/Tieck)
36 *Antonius und Cleopatra*, IV, 13, 81; *Hamlet*, V, 2, 379.
37 *Zufall und Notwendigkeit*, S. 157 ff.
38 ibid., S. 171. Monod zitiert Mauriacs Ausspruch anscheinend nicht ohne Stolz.
39 ibid., S. 207. Nebenbei gefragt: Was ist nicht-authentische Wahrheit?
40 ibid., S. 141.
41 ›Nécessité‹ kommt von lateinisch ›necessitas‹ = Unausweichlichkeit.
42 op. cit., S. 141 ff.
43 Erben, op. cit., S. 176. Das Zitat findet sich in *Faust I*, »Studierzimmer«.

II Der Zufall als Weltlenker

1 *Zufall und Notwendigkeit*, S. 141 f.
2 Erben verspottet diejenigen seiner Kollegen, die dem Buch von Monod »kühle Ablehnung« entgegengebracht haben, op. cit., S. 174.
3 Hierzu neuerlich Wilhelm Gauger, »Zum Phänomen des sinnvollen Zufalls«, in *Y*, S. 154 ff. Auf S. 173 wird zitiert, was ein Moslem zu seinem Schüler sagt: »Begreifst du nicht, daß es so etwas wie Zufall nicht gibt?«
4 Kluge/Götze, s. v. »Zufall«.
5 Auch ›chance‹ kommt vom lateinischen ›cadere‹, und zwar vom Partizipium ›cadens, cadentis‹.
6 Näheres dazu in Kapitel IV, S. 86.
7 »que sa sacrée Majesté le Hazard fait les trois quarts de la besogne de ce misérable univers.« Zustimmend zitiert von Erben, op. cit., S. 174.
8 Fr. 52 (Diels).
9 Ein Brettspiel ist kein reines Glücksspiel, aber man muß auch, um zu gewinnen, Glück haben.
10 Monod, op. cit., S. 141.
11 ›Tyche‹ hängt zusammen mit ›tynchano‹, was am besten mit englisch ›to happen‹ wiedergegeben wird; ›fortuna‹ hängt zusammen mit ›ferre‹ = ›bringen‹: sie ist die Göttin dessen, was die Zeit mit sich bringt. – Der neueste Beitrag zum Thema ›Fortuna‹ stammt von Jacqueline Champeaux, *Le culte de la Fortune*.
12 *Le Roman de la Rose*, vv. 6553 ff.

13 Zur Orientierung: Der *Rosenroman* (wie es im Deutschen heißt) hat zwei Teile. Der erste, kürzere, wurde um 1230 von Guillaume de Lorris geschrieben, der zweite, als Fortsetzung gedachte, um 1270 von Jean de Meun (oder Jehan de Meung). Sein Thema ist die Liebe; die höfische Liebe und Liebeskunst im ersten, die Liebe überhaupt (in allen oder mindestens sehr vielen Variationen) im zweiten Teil. Jean de Meun, ein gewitzter und belesener Kleriker, ist sehr unorthodox. Näheres unten, Anm. 25.

14 »The Nun's Priest's Tale«, v. 3000. *Canterbury Tales* VII. In: *Works*, S. 201.

15 *Works*, S. 535. Eine Ballade war damals kein Gedicht erzählenden Inhalts; bei Chaucer und anderen werden moralisch-didaktische Betrachtungen in Versen meist »Ballade« genannt.

16 *Hamlet* III, 1, 58: »the slings and arrows of outrageous fortune.« Schlegel übersetzt »fortune« mit »Geschick«; das ist falsch, denn das, was wir ›Geschick‹ nennen, heißt bei Shakespeare (und anderswo) ›fate‹.

17 Chaucers oben zitierte Ballade ist ein Dialog mit Fortuna. Solche Gedichte waren damals sehr beliebt; auch mit dem Tod wurde diskutiert.

18 *Die Göttliche Komödie*, »Inferno« VII, vv. 67 ff.

19 Heinrich Heine, »Zum Lazarus I«.

20 »Inferno« VII, vv. 73 ff. (Übers. Gmelin)

21 In *The Making of Religion* und *Magic and Religion* polemisiert Lang gegen Edward B. Tylor, der in *Primitive Culture* behauptete, die Religion habe sich aus einem primitiven Animismus zum moralisch fundierten Monotheismus entwickelt. Langs Forschungen bereiteten den Weg für das monumentale Werk *Der Ursprung der Gottesidee* von Pater Wilhelm Schmidt.

22 Heine, siehe Anmerkung 19.

23 Hierzu Ernst Robert Curtius, *Europäische Literatur und lateinisches Mittelalter*, Kapitel 6, »Göttin Natura«. Das folgende Zitat ist dem § 6 dieses Kapitels entnommen.

24 *Roman de la Rose*, vv. 16778 ff.

25 »Seid fruchtbar und mehret euch und erfüllet die Erde«, sagt der Herr zu Noah, 1. Mose 9. Die Philosophie des *Rosenromans* hat (für mich überzeugend) herausgearbeitet A. M. F. Gunn, *The Mirror of Love*.

26 »The Physician's Tale«, v. 25, *Canterbury Tales*, VI, *Works*, S. 145.

27 Sinngemäß: ›Wer zu hoch hinaus will, muß am tiefsten fallen.‹

28 Hierzu Näheres in Kapitel IV.

29 »The Prologue of the Monk's Tale«, *Canterbury Tales* VII, vv. 1973 ff.; *Works*, S. 189. (Übers. Herzberg).

30 Einmal fällt auch Gott selbst den Stolzen, »The Monk's Tale«, v. 2609.

31 ibid., v. 2001: »Fortune may noon angel dere.«

32 Gott straft die Stolzen, ibid., vv. 2167 ff.

33 ibid., vv. 2631–2670 (Alexander), vv. 2671–2726 (Cäsar).

34 »The Prologue of The Nun's Priest's Tale«, vv. 2767–2820.

35 »The Prologue of the Monk's Tale«, v. 1972.

36 Die Folio-Ausgabe von 1623, die (leider) nicht von Shakespeare selbst veranstaltet worden ist, teilt die Dramen ein in »Comedies«, »Histories«, »Tragedies«. Andere als diese drei Gattungen kannte man damals nicht, aber die Gattungen waren nicht eindeutig definiert. In den Quarto-Ausgaben werden die beiden Richard-Historien als »Tragedie« bezeichnet. Die von Chaucers Mönch gegebene Definition der Tagödie galt noch in Shakespeares Zeit, aber sicher nicht für Shakespeare selbst.

37 *Richard II*, III, 2, 155 ff. (Übers. Schlegel/Tieck).

38 Platon, *Die Gesetze*, 644 d–e: »Stellen wir uns ein jedes von uns Lebewesen als eine Marionette vor, die sich die Götter entweder zu ihrem Zeitvertreib oder auch zu einem ernsten Zweck gebildet haben«, vgl. auch ibid., VII, 803 b–804 b: Die Menschen (in diesem Zusammenhang die ›Zöglinge‹) sind nicht viel mehr als »Gliederpuppen und haben nur in geringem Maße an der wahren Wirklichkeit teil.« (Übersetzung von Rudolf Rufener) – Es ist nicht ausgeschlossen, daß Shakespeare davon gehört hat, vielleicht bei einer der berühmten Diskussionen in der *Mermaid Tavern*.

39 Euripides, *Hekabe*, vv. 488 ff.

40 *Ilias* XIV und Anfang XV.

41 ›Moira‹ hängt zusammen mit ›meros‹ = ›der Teil‹.

42 *Ilias*, XIX, 78 ff.

43 ibid., III, 365.

44 ibid., XXIII, 768 ff.

45 *»The Marriage of Heaven and Hell«*, *Poetry and Prose*, S. 183. Man sollte nicht übersehen, daß dieser Satz in den »Proverbs of Hell« steht; er ist charakteristisch für den Diabolos, der Verwirrung stiftet.

46 Der Titel ist einem Gedicht von William Butler Yeats entnommen. *Collected Poems*, S. 210 ff.

47 Ich beziehe mich hier auf Erfahrungen, die ich in einem Seminar über den afrikanischen Roman in englischer Sprache gemacht habe.

Mrs. Rose Obinyan erklärte mir, warum die Ibo (sie selbst gehört einem anderen Volk an) die Zwillinge wegwarfen: Menschen durften sich nur jeweils in einem Exemplar vermehren. Zwillinge sind unmenschlich, tierisch: »It's like cats, you know«, sagte sie und schüttelte sich vor Lachen.

48 Nicht nur in englischer, sondern auch in französischer Sprache.

III Der Stier und der Igel

1 »Der Stierkampf – Mythos und Spiel«, *Gesamtausgabe*, Bd. VI.

2 Eine Reihe von Deutungen (die durchweg verworfen werden) findet sich bei Paul Scott, op. cit., S. 200 ff.

3 Friedrich Schiller, *Werke* in dreizehn Bänden, Band 6, S. 59.

4 Irenäus Eibl-Eibesfeldt: »Wenn der Mensch zum Opfer seiner eigenen Werkzeuge wird. Die Krise der Moderne, aus der Sicht eines Biologen.« *Die Welt*, Samstag, 4. Juli 1987.

5 *Die Welt*, 8. April 1987.

6 *Die Welt*, 11. Juni 1987.

7 *Handbuch Weltreligionen*, S. 54.

8 »Vitzliputzli«, *Gesammelte Werke* II, S. 147.

9 Walter Falk, *Die Ordnung in der Geschichte*, S. 223.

10 »Des Cannibales«, *Essais* I, xxxi, S. 248.

IV Fortschritt und Wiederkehr

1 *Explorations*, S. 392.

2 ibid., S. 355.

3 Mircea Eliade, *Kosmos und Geschichte. Der Mythos der Ewigen Wiederkehr.*

4 Karl Löwith, *Weltgeschichte und Heilsgeschehen.* Löwith zeigt die Abhängigkeit des Fortschrittsdenkens vom Christentum, spricht aber nicht von ›Mythos‹.

5 ›Enneade‹ III, 7; hierzu Werner Beierwaltes, *Plotin. Über Ewigkeit und Zeit.*

6 »Saaledes forstaaet er Øieblikket ikke egentlik Tidens Atom, men Evighedens Atom«, sagt Kierkegaard. (›Der Augenblick ist nicht das Atom der Zeit, sondern der Ewigkeit.‹) *Begrebet Angest*, S. 127.

7 C. F. Meyer, »Der Kaiser und das Fräulein«, *Gedichte*, S. 69 f.
8 Pierre Duhem, *Le système du monde*, Bd. 1, S. 65 ff. Yeats kannte Duhem und bezieht sich auf ihn in *A Vision*, S. 67 pass.
9 Yeats fragt pointiert: »Did the same man return, or a new man who resembled him, and if the same man, must he have the old wart upon his nose?« *A Vision*, S. 247.
10 Heinrich Zimmer, *Maya*, S. 39.
11 *The Price of Progress*, S. 13.
12 Dem Vernehmen nach ist der berühmte Astronom Sir Fred Hoyle noch immer kein restlos überzeugter ›Big Banger‹.
13 Die Identität von Sein und Nichts, von der Hegel zu Beginn seiner *Logik* handelt, sei hier nicht diskutiert.
14 Klaus Strobach, *Vom ›Urknall‹ zur Erde*, S. 194 u. 198.
15 *Kalevala*, I. Gesang, vv 217/8–227/8.
16 *Politikos*, 268 E ff.
17 *Through the Looking Glass*, Kap. VII.
18 Fr. 60 (Diels).
19 *Tristram Shandy*, I, 21. (Ich habe die zitierte Übersetzung leicht korrigiert.)
20 *Die Brüder Karamasow*, XI. Buch, 9: »Der Teufel. Iwan Fjodorowitsches Fiebertraum«, S. 853. Die Frage, ob der Teufel wirklich da ist oder von Iwan halluziniert wird, bleibt offen, im Original steht nicht »Fiebertraum«, sondern »Alp« oder »cauchemar«.
21 »Vom Gesicht und Rätsel«, *Also sprach Zarathustra*.
22 Hierzu *A Vision*, passim. In diesem Buch wird u. a. eine Theorie der Geschichte entwickelt, aber sie stimmt nicht mit den geschichtsphilosophischen Gedichten überein.
23 *Collected Poems*, S. 232 ff. Die deutsche Übersetzung von Werner Vordtriede ist einigermaßen wörtlich. *Werke* I, S. 171.
24 Die ›philosophy‹, von der hier abfällig die Rede ist, erinnert an die, die Hamlet verspottet (*Hamlet* I, 5, 166/8); weder Hamlet noch Yeats verachten die Philosophie überhaupt.
25 *Collected Poems*, S. 234. *Werke, I.* Loie Fuller war eine berühmte amerikanische Tänzerin, die zu Ende des 19. Jahrhunderts in den Folies Bergères auftrat; sie hatte eine Truppe von japanischen (!) Tänzern. Hierzu Frank Kermode, »Poet and Dancer before Diaghilev«, *Partisan Review*, 1961.
26 Charakteristisch hierfür ist das Buch von Louis MacNeice, *The Poetry of W. B. Yeats*, das 1941 publiziert wurde. MacNeice war mit W. H. Auden befreundet, der in seinen Oxforder Jahren dem Kommunismus anhing; er selbst war ein gemäßigter Linker.

27 *Die Welt* berichtet am 28. Mai 1987 von einer »Rede des Bundeskanzlers in München«, bei der u. a. dieser Mut gefordert wurde.

28 Christian Morgenstern, »Die wirklich praktischen Leute«, *Galgenlieder,* S. 162.

29 Nämlich in *Torquato Tasso,* I, 1. Ob sich Goethe selbst als einen solchen Träumer verstand, bleibe dahingestellt.

30 »I do not mean a fiction, but one of those statements our nature is compelled to make and employ as truth although there cannot be sufficient evidence.« *Explorations,* S. 392. Die Wörter »statement« und »evidence« verweisen auf die Sprache des Gerichts.

31 »Exposition universelle de 1855«, *Œuvres,* S. 958.

32 »Préface des Fleurs«, *Œuvres,* S. 185, »Fusées«, ibid., S. 1263: »la ruine universelle, ou le progrès universel, car peu m'importe le nom.« Es ließen sich noch mehr Formulierungen zitieren; Baudelaires Ekel wird überall fühlbar.

33 Charles van Doren, *The Idea of Progress,* S. XI: »All writers who affirm the existence of progress in human affairs define progress in the same way – as irreversible (though not necessarily continuous) change for the better.«

34 Ludwig Edelstein hat in *The Idea of Progress in Classical Antiquity* nachzuweisen versucht, daß schon in der Antike ›fortschrittlich‹ gedacht wurde. E. R. Dodds, *The Ancient Concept of Progress* stimmt ihm teilweise und mit Vorbehalt zu. Wie mir scheint, verwechseln beide ›progress‹ mit ›betterment‹ oder ›improvement‹. Daß man auch in der Antike zuweilen glaubte, ›besser‹ zu sein als die Früheren, unterliegt keinem Zweifel, aber damit hatte man nicht »the Idea of Progress«, deren Geschichte John Bury geschrieben hat.

35 John Donne, *Complete Poetry,* S. 253 ff.

36 Ernst Bloch sagt mit wünschenswerter Deutlichkeit, der Sozialismus wolle »den Himmel auf Erden« schaffen. Zitiert bei Ernst Nolte, *Theorien über den Faschismus,* S. 202.

37 »The Grounds of Criticism in Tragedy«, *Essays,* S. 126 ff.

38 Zu bemerken ist wohl immer noch, daß die ›Regeln‹ *nicht* von Aristoteles stammen. Das wußte zwar schon Corneille, aber nicht alle modernen Kritiker wissen es.

39 Von Dr. Samuel Johnson im »Preface« zu seiner Shakespeare-Ausgabe von 1765; am gründlichsten von A. W. Schlegel in der neunten seiner *Vorlesungen über Dramatische Kunst und Literatur.*

40 Herkunft und Bedeutung von ›modern‹ erläutert E. R. Curtius in *Europäische Literatur* etc., Kapitel 14, § 2.

41 *Gesellschaft und Demokratie in Deutschland,* S. 128.

42 *Esquisse d'un Tableau historique des progrès de l'esprit humain.*
43 Wer die Begeisterung des Autors nachempfinden will, sollte diese Worte im Original lesen: »Et combien ce tableau de l'espèce humaine, offranchie de toutes ses chaînes, soustraite à l'empire du hasard, comme à celui des ennemis de ses progrès, et marchant d'un pas ferme et sûr dans la route de verité, de la vertu et du bonheur, présente au philosophe un spectacle qui le console des erreurs, des crimes, des injustices dont la terre est encore souillée, et dont il est si souvent le victime.« Ich zitiere die Ausgabe von H. Prior.
44 Bucharin ist inzwischen rehabilitiert worden, vgl. *Rheinischer Merkur*, 12. Februar 1988.
45 Condorcet war adliger Herkunft; er hieß mit vollem Namen Marie-Jean-Antoine-Nicolas Caritat, Marquis de Condorcet. Von der Idee der Gleichheit begeistert, legte er seinen Titel ab.
46 Jesaja, 9. Kapitel. 1. Hierzu Löwith, op. cit., S. 95.
47 Dahrendorf, op. cit., S. 242.
48 »Unser rationales und kritisches Denken steigt mit seinem Stoff, den mythischen Größen, aus einem Wissen auf, das dunkel auf unserem Grunde webt.« Heinrich Zimmer, op. cit., S. 5.
49 Auch Stalin ließ sich als ›Führer‹ feiern, wie ich selbst 1947 auf einem Plakat in der (damaligen) sowjetisch besetzten Zone gelesen habe.
50 Zitiert bei Ernst Nolte, *Theorien über den Faschismus*, S. 88 ff. Die Tagung fand im Juni 1923 statt.
51 Letzteres sangen die National-Sozialisten; nicht nur sie, sondern auch Kommunisten haben entsprechend dieser Devise gehandelt.
52 Hierzu Georges Sorel, *L'illusion du progrès*, S. 191.
53 *Esquisse*, S. 208: »Ils finiront par disparaître insensiblement«. Dieser Satzteil fehlt in der Ausgabe von Monique und François Hincks (S. 258) – haben sie ihn übersehen? Die beiden Herausgeber sympathisieren mit Condorcet und sind offensichtlich ›für den Fortschritt‹, und zwar für den, wie ihn sich marxistische Sozialisten erträumen; der übersehene oder weggelassene Satzteil deutet an, daß der Fortschritt nicht für alle Menschen angenehm ist.
54 *L'être et le néant*, S. 85 ff. Ich behalte den französischen Begriff bei, weil er sich nicht adäquat übersetzen läßt. – Daß die »mauvaise foi« nicht, wie man annehmen könnte, mit dem Selbstbetrug identisch ist, zeigt Sartre sehr genau.
55 Karl Marx, »Kommunistisches Manifest«, *Die Frühschriften*, S. 536.
56 Unser Denken gerät in die ›Ausweglosigkeit‹, wenn wir die Zeit zu

denken versuchen; Plotin, op. cit., S. 92 ff. Daß die Zeit nicht gedacht werden kann, zeigt F. H. Bradley, op. cit., I, 4, S. 30 ff.

57 *Il Principe* II: »il tiempo si caccia inanzi ogni cosa, e può condurre seco bene come male, male come bene.« Ich gebe eine Paraphrase, keine wörtliche Übersetzung.

58 Charles Baudelaire, »Le Voyage«, *Fleurs du Mal* CXXVI.

59 Günther Wagenlehner, *Staat oder Kommunismus. Lenins Entscheidung gegen die kommunistische Gesellschaft*, bes. S. 138/9.

60 Rudolf Bahro, der noch immer den Traum vom kommunistischen ›Himmel auf Erden‹ träumt, hat erkannt, »daß der Menschheitsfortschritt im zwanzigsten Jahrhundert andere Wege geht, als Marx und Engels voraussehen konnten«. *Die Alternative*, S. 57. Also konnten Marx und Engels irren – inwieweit taugen sie dann noch als ›Grundleger‹?

61 In Lenins Demokratie versammelt sich das Volk, »um die Notwendigkeit der Diktatur einzusehen«. Wagenlehner, op. cit., S. 163.

62 Es gibt einen Jargon der Fortschrittlichkeit, der sich dadurch auszeichnet, daß er den Wörtern den Sinn auspreßt. Besonders beliebt ist ›Faschismus‹, das nur noch ein vages Synonym für ›böse‹ ist.

63 Das Buch erschien 1932; siebenundzwanzig Jahre danach veröffentlichte Huxley seinen Essay *Brave New World Revisited.* Er meinte, seine Prognose sei teilweise schon in Erfüllung gegangen und würde sich wohl noch weiter bestätigen. Der Titel des Buches ist Shakespeares *Tempest* entnommen (V, 1, 183); »brave« ist hier mit »schön« oder »herrlich« zu übersetzen.

64 *Explorations*, S. 355.

65 Johann Wolfgang v. Goethe, »Gedichte und Epen«, *Werke.* Band XV. S. 381.

Bibliographie

Achebe, Chinua, *Things Fall Apart.* London 1958.
Amadi, Elechi, *The Concubine.* London 1966.
Aristoteles, s. W. D. Ross.
Ayer, Sir Alfred J., *Language Truth and Logic.* London 1936.
ders., *The Central Questions of Philosophy.* London 1973.

Bahro, Rudolf, *Die Alternative. Zur Kritik des real existierenden Sozialismus.* Köln, Frankfurt a. M. 1977.
Baudelaire, Charles, *Œuvres Complètes.* Texte établi et annoté par Y.-G. Le Dantec. Édition révisée, complétée et présentée par Claude Pichois. Paris 1961.
Bergson, Henri, *L'évolution créatrice.* Paris 1907.
Blake, William, *Poetry and Prose,* Edited by Geoffrey Keynes. London 1967.
Bradley, Francis Herbert, *Appearance and Reality. A Metaphysical Essay.* Oxford 1897.
Brugger, Walter, *Summe einer Philosophischen Gotteslehre.* München 1979.
Bury, John B., *The Idea of Progress. An Enquiry into its Origin and Growth.* London 1920.
Byron, George Gordon Lord, *The Poetical Works of Lord Byron.* London 1945.

Carroll, Lewis, *The Complete Illustrated Works.* London 1981.
Chargaff, Erwin, *Das Feuer des Heraklit. Skizzen aus einem Leben vor der Natur.* Stuttgart 1981.
Champeaux, Jacqueline, *Le culte de la Fortune.* Rome 1982.
Chaucer, Geoffrey, *The Works.* Edited by F. N. Robinson. London 1974.
ders., *Canterbury Erzählungen.* Nach Wilhelm Hertzbergs Übersetzung neu herausgegeben von John Koch. Berlin 1925.
Collingwood, R. G., *An Essay on Metaphysics.* Oxford 1940.
Condorcet, Antoine Marquis de, *Esquisse d'un Tableau Historique des Progrès de l'esprit humain.* Texte revu et présenté par O. H. Prior. Paris 1933.
ders., *Esquisse...* Introduction et Notes par François et Monique Hincks. Paris 1966.

Curtius, Ernst Robert, *Europäische Literatur und Lateinisches Mittelalter*. Bern 1948.

Dahrendorf, Ralf, *Gesellschaft und Demokratie in Deutschland*. München 1963.
Dante Aligheri: La Divina Commedia, ed. Leonardo Olschki. Heidelberg 1922.
ders., *Die göttliche Komödie*. Italienisch und deutsch. Übersetzt von Hermann Gmelin. Stuttgart 1954 ff.
Dodds, E. R., *The Ancient Concept of Progress and Other Essays on Greek Literature and Belief*. Oxford 1972.
Donne, John, *Complete Poetry and Selected Prose*. Edited by John Hayward. London 1949.
Doren, Charles van, *The Idea of Progress*. New York, Washington, London 1967.
Dostojewski, Fjodor Michailowitsch, *Die Brüder Karamasoff*. Roman. Übertragen von E. K. Rahsin. München 1968.
Dryden, John, *Essays*. Introduction by W. H. Hudson. London 1912.
Duhem, Pierre, *Le système du monde; histoire des doctrines cosmologiques de Platon a Copernic*. Vol. I–X, Paris 1954 f.

Edelstein, Ludwig, *The Idea of Progress in Classical Antiquity*. Baltimore 1967.
Eliade, Mircea, *Le mythe de l'éternel retour: Archetypes et répétition*. Paris 1949.
ders., *Kosmos und Geschichte. Der Mythos der ewigen Wiederkehr*. Ins Deutsche übertragen von Günther Spaltmann. Frankfurt a. M. 1984.
ders., *Myth and Reality*. London 1963.
Erben, Heinrich K., *Intelligenzen im Kosmos? Die Antwort der Evolutionsbiologie*. München, Zürich 1984.
Euripides, *Euripidis Fabulae*. Edited by Gilbertus Murray. 3 vols. Oxford o. J.

Falk, Walter, *Die Ordnung in der Geschichte. Eine alternative Deutung des Fortschritts*. Sachsenhausen 1985.
Freud, Sigmund, *Studienausgabe*. Band IX, Fragen der Gesellschaft, Ursprünge der Religion. Frankfurt a. M. 1974.

Gauger, Wilhelm, *»Y«. Paranormale Welt, Wirklichkeit und Literatur*. Berlin 1980.
Gebser, Jean, *Gesamtausgabe*. Neun Bände. Schaffhausen 1975 ff.

Goethe, Johann Wolfgang von, *Werke*. Herausgegeben von Hans Gerhard Gräf. Leipzig o. J. (Insel).

Gunn, A. F. M., *The Mirror of Love. A Re-interpretation of the Romance of the Rose*. Lubbock, Texas 1952.

Handbuch Weltreligionen. Herausgeber der deutschen Ausgabe Wulf Metz. Wuppertal, Wien, Köln, Basel 1983.

Hegel, Georg Friedrich Wilhelm, *Phänomenologie des Geistes*. Herausgegeben von Georg Lasson. Leipzig 1922.

Heine, Heinrich, *Gesammelte Werke*. Sechs Bände. Herausgegeben von Wolfgang Harich. Berlin [2]1956.

Hemingway, Ernest, *Death in the Afternoon*. London 1977.

Heraklit, *Fragmente*. Griechisch und deutsch. Übertragen von Bruno Snell. München 1926.

ders., in: Diels, Hermann, *Die Fragmente der Vorsokratiker*. Griechisch und deutsch. 6. verbesserte Auflage, herausgegeben von Walter Kranz. Drei Bände. Berlin 1951 ff.

Homer, *Ilias* und *Odyssee*. Herausgegeben von Paulus Cauer. Leipzig 1921.

ders., *Werke*. Übersetzt von Johann Heinrich Voß. Herausgegeben von Peter Von der Mühll. Basel 1953.

Howard, Philip, *The State of the Language. English Observed*. London 1984.

Huxley, Aldous, *Brave New World*. London 1932.

ders., *Brave New World Revisited*. London 1959.

Inge, Ralph William, *The Price of Progress*. London 1937.

Kalewala. Das finnische Epos des E. Lönnrot aus dem Urtext übertragen von L. Fromm und H. Fromm. Zwei Bände. München 1968.

Kermode, Frank, *Poet and Dancer before Diaghilev*. In: Partisan Review. New York 1961.

Kierkegaard, Søren, *Begrebet Angest*. Inledning og noter ved Villy Sørensen. København 1960.

Kleinstück, Johannes, *Die Erfindung der Realität. Studien zur Geschichte und Kritik des Realismus*. Stuttgart 1980.

ders., *W. B. Yeats oder Der Dichter in der modernen Welt*. Hamburg 1963.

Lakoff, George and Johnson, Mark, *Metaphors We Live by*. Chicago, London 1980.

Lang, Andrew, *The Making of Religion.* London 1898.
ders., *Magic and Religion.* London 1901.
Lermontow, Michail, *Ein Held unserer Zeit.* Übersetzt von Johannes von Günther. Stuttgart 1981.
Löwith, Karl, *Sämtliche Schriften.* Band 2: Weltgeschichte und Heilsgeschehen. Stuttgart 1983.
Lydgate, John, *The Fall of Princes.* Edited by H. Bergen. Vier Bände. London 1924 ff.

Machiavelli, Nicoló, *Il Principe.* Con introduzione e commento Maria Maggi. Rocca San Casciano Capelli 1960.
MacNeice, Louis, *The Poetry of W. B. Yeats.* London 1941.
Marx, Karl, *Die Frühschriften.* Herausgegeben von Siegfried Landshut. Stuttgart 1968.
Meyer, Conrad Ferdinand, *Sämtliche Gedichte.* Herausgegeben von Sjak Sonderlingen. Stuttgart 1978.
The Mirror for Magistrates. Edited by Lily B. Campbell. Cambridge 1938.
Monod, Jacques, *Le hasard et la nécessité.* Paris 1970.
ders., *Zufall und Notwendigkeit. Philosophische Fragen der modernen Biologie.* Übersetzt von Friedrich Griese. Vorwort von Manfred Eigen. München 1971.
Montaigne, Michael de, *Essais.* Texte établi et annoté par Albert Thibaudet. Paris 1950.
Morgenstern, Christian, *Alle Galgenlieder.* Zürich 1981.

Nietzsche, Friedrich, *Werke.* Herausgegeben von Alfred Baeumler. Sechs Bände. Leipzig o. J.
Nolte, Ernst (Hrsg.,), *Theorien über den Faschismus.* Königstein/Taunus 1984.

Platon, *Die Gesetze.* Eingeleitet von Olaf Gigon. Übertragen von Rudolf Rutener. Zürich, München 1974.
Plato, Works in Twelve Volumes. With an Englisch Translation. Edited by Harold N. Fowler, Cambridge/Mass., London. Vol. VIII: The Statesman (Politikos). Edited by W. R. M. Lamb, 1925.
Plotin, *Über Zeit und Ewigkeit* (Enneaden III, 7). Übersetzt, eingeleitet und kommentiert von Werner Beierwaltes. Frankfurt a. M. 1981.
Plotinus, *Works* with an English Translation by A. H. Armstrong. In Six Volumes. Cambridge/Mass., London 1978.

Popper, Sir Karl R., *Logik der Forschung. Zur Erkenntnistheorie der modernen Naturwissenschaften.* Wien 1935.

Roman de la Rose. Par Guillaume de Lorris et Jean de Meun. Publié par Ernest Langlois. Fünf Bände. Paris 1914 ff.

Ross, W. D., *Aristotle's Metaphysics.* A Revised Text with Introduction and Commentary. Oxford 1948.

Sartre, Jean-Paul, *L'être et le néant. Essai d'ontologie phénomenologique.* Paris 1943.

Schiller, Friedrich. *Werke.* Dreizehn Bände. Herausgegeben von Dr. Fritz Strich und Dr. Walter Strich. Leipzig o. J.

Schmidt, Wilhelm, *Der Ursprung der Gottesidee. Eine historisch-kritische und positive Studie.* Zwölf Bände. Münster/Westfalen 1926 ff.

Scott, Paul, *The Corrida at San Felíu,* London 1974.

ders., *The Raj Quartet.* London 1976.

ders., *Das Reich der Sahibs.* Übersetzt von Manfred Ohl und Hans Sartorius. 4 Bände. Stuttgart 1985 ff.

Shakespeare, William, *The Complete Works.* Edited by W. J. Craig. London 1943.

ders., *Werke.* In deutscher Sprache durch Schlegel/Tieck. Besorgt durch Karl Balser, Reinhard Buchwald. Hamburg o. J.

Simmel, Georg, *Lebensanschauung. Vier metaphysische Kapitel.* München, Leipzig 1918.

Sorel, Georges, *L'illusion du progrès.* Paris 1921.

Sterne, Laurence, *The Life and Opinions of Tristram Shandy, Gentleman.* London 1951.

ders., *Das Leben und die Meinungen des Tristram Shandy.* Übersetzt von Siegfried Schmitz unter Zugrundelegung der Übertragung von J. J. Bode. München 1963.

Strobach, Klaus, *Vom Urknall zur Erde. Werden und Wandlung unseres Planeten im Kosmos.* Melsungen 1983.

Thomas von Aquin, *Die deutsche Thomas-Ausgabe.* Vollständige, ungekürzte deutsch-lateinische Ausgabe der Summa Theologica. Übersetzt von Dominikanern und Benediktinern Deutschlands und Österreichs. Herausgegeben vom Katholischen Akademikerverband. Salzburg o. J.

Tylor, Edward B., *Primitive Culture.* 2 vols. London 1871.

Wagenlehner, Günther, *Staat oder Kommunismus. Lenins Entscheidung gegen die Kommunistische Gesellschaft.* Stuttgart 1971.

Yeats, William Butler, *Collected Poems.* London 1950.
ders., *Collected Plays.* London 1952.
ders., *Essays and Introductions.* London 1961.
ders., *Explorations.* Selected by Mrs. W. B. Yeats. London 1962.
ders., *A Vision.* London 1962.
ders., *Werke.* Herausgegeben von Werner Vordtriede. Sechs Bände. Neuwied, Berlin 1970 ff.

Zimmer, Heinrich, *Maya. Der indische Mythos.* Zürich 1952.

Verlagsgemeinschaft Ernst Klett Verlag –
J.G. Cotta'sche Buchhandlung

Printed in Germany
Schutzumschlag: Klett-Cotta-Design
Im Filmsatz gesetzt aus der 10 Punkt Century
von Hieronymus Mühlberger, Gersthofen
Auf säurefreiem und holzfreiem Werkdruckpapier
der Cartiere del Garda
im Offset gedruckt von Hieronymus Mühlberger
Einband von Großbuchbinderei Monheim

CIP-Titelaufnahme der Deutschen Bibliothek
Kleinstück, Johannes:
Fortschritt auf Widerruf : Gedanken über moderne
Vorurteile / Johannes Kleinstück. –
Stuttgart : Klett-Cotta, 1989
ISBN 3-608-95615-8

Erwin Chargaff:

»Zwei verhängnisvolle wissenschaftliche Entdeckungen haben mein Leben gekennzeichnet: erstens die Spaltung des Atoms, zweitens die Aufklärung der Chemie der Vererbung. In beiden Fällen geht es um Mißhandlung des Kerns: des Atomkerns, des Zellkerns. In beiden Fällen habe ich das Gefühl, daß die Wissenschaft eine Schranke überschritten hat, die sie hätte scheuen sollen.«

Jürgen Dahl
Die Verwegenheit der Ahnungslosen

Über Genetik, Chemie und andere
Schwarze Löcher in Wissenschaft und Technik

153 Seiten, Linson mit Schutzumschlag, ISBN 3-608-93151-1

Tschernobyl, den nach menschlichem Ermessen doch ausgeschlossenen Fall, haben wir gehabt: ein paar Wochen Verunsicherung, dann lief alles wieder im alten Trott.

Das Tschernobyl der Chemie werden wir, trotz Seveso und Sandoz, erst noch bekommen: vielleicht das endgültige Umkippen von Nord- und Ostsee oder das Ozonloch?

Das Tschernobyl der Genetik: Das können wir uns noch nicht einmal vorstellen. Aber es lauert auch, irgendwo, irgendwann, irgendwie. Gesundheitswesen, Computerei, Nuklearrüstung – auch hier drohen, wie sich heute schon ausrechnen läßt, diverse GAUs: finanzielle, ethische, geistige, absolute. Allenthalben treiben wir auf solche Schwarze Löcher des Fortschritts zu, denn in unserer Freude über das Machbare, im festen Vertrauen auf die Formeln und Finten der Wissenschaft und in unserer schlichten Gewöhnung ans Immer-weiter-Wursteln haben wir vergessen, uns über unser fundamentales Unwissen Rechenschaft zu geben. Mit hochspezialisiertem Teilwissen wird geschickt camoufliert, daß kein Wissenschaftler die Gesamtbilanz unseres Fortschritts errechnen und keine Technik ihn und seine Folgen insgesamt beherrschen kann. Dennoch hantieren wir verwegen mit Stoffen, die das Leben global und im Grundsatz bedrohen; und neuerdings spielen wir auch noch mit den Bausteinen, die das Leben selbst ausmachen, ohne den Gesamtplan des fragilen Komplexes zu kennen: Ahnungslos treiben wir im Delirium des Fortschritts, ohne zu wissen, wann und wie das Erwachen, der jähe Sturz in die Ernüchterung erfolgen wird.

Klett-Cotta